青鸟童书

只做对得起时间的书

北京科技大学　北京科学学研究中心 专家审定

| 全景手绘版 |

孩子读得懂的
时间简史

◎ 谢啸实 编著　　◎ 王庆松 绘

北京理工大学出版社
BEIJING INSTITUTE OF TECHNOLOGY PRESS

图书在版编目（CIP）数据

孩子读得懂的时间简史 / 谢啸实编著；王庆松绘.
-- 北京：北京理工大学出版社，2021.9
ISBN 978-7-5763-0088-8

Ⅰ.①孩… Ⅱ.①谢… ②王… Ⅲ.①时间—少儿读
物 Ⅳ.①P19-49

中国版本图书馆CIP数据核字（2021）第144178号

出版发行 / 北京理工大学出版社有限责任公司

社　　址 / 北京市海淀区中关村南大街 5 号

邮　　编 / 100081

电　　话 / （010）68914775（总编室）
　　　　　（010）82562903（教材售后服务热线）
　　　　　（010）68944723（其他图书服务热线）

网　　址 / http://www.bitpress.com.cn

经　　销 / 全国各地新华书店

印　　刷 / 唐山才智印刷有限公司

开　　本 / 787 毫米 × 1200 毫米　　1/12

印　　张 / 7　　　　　　　　　　　　　责任编辑 / 李慧智

字　　数 / 90千字　　　　　　　　　　文案编辑 / 李慧智

版　　次 / 2021 年 9 月第 1 版　2021 年 9 月第 1 次印刷　　责任校对 / 刘亚男

定　　价 / 78.00元　　　　　　　　　　责任印制 / 施胜娟

目录

给我们的宇宙画像

遥远、浩瀚、神秘莫测、无边无际……我们总会用这些词来形容宇宙这个大家伙。这样的宇宙好像离我们很远很远。

也许我们可以换个视角，如果，我们像宇航员那样飞到苍茫太空中，然后回头，那个美丽的蓝色星球就是地球了。这样的画面会让我们深深感到地球的渺小，人类自身的渺小。然而，宇宙就像一个巨无霸朋友，虽然大得看不到边际，却始终陪伴在小小的地球身边。

人类对这位大朋友也一直充满了好奇心。几千年来，我们为宇宙绘制了不同的画像，有的正确，有的错误，然而无论对错，这些画像都一步一步地推动了我们对宇宙的了解。

那么，亲爱的小读者，对这个大朋友，你又知道多少呢？

天王星

木星

水星

小行星带

土星

太阳

金星

火星

地球

月球

黑洞

星云

河外星系

冥王星

海王星

彗星

人类认识宇宙的过程

仰望星空之前，我们先看看宇宙中的一颗小沙粒——地球的图像。地球是什么样子呢？一个圆圆的、蓝色的、围着太阳转圈圈的美丽星球。今天，我们随手就能给地球画出一幅图像。可是，我们能有现在的认知，却经历了超过我们想象的、漫长的时间……

我们为什么要认识宇宙呢？

我们生存在一个奇妙无比的宇宙之中，它神秘而庞大，人们对宇宙的认识，是基于现阶段认识的基础上不断打破、不断重塑的过程。了解得越多，就越接近它的本来面目，然而，我们永远也无法完完全全地认识宇宙。这个未知的认识过程不单能激发我们的想象力，也会形成我们认识世界的尺度和方法。

古人心中的宇宙

古人对世界的认知来源于自己眼睛看到的：大地是平坦的，天空就像一个倒扣在大地上的大锅盖，所以"天圆地方"这个说法很容易就得到了大家的普遍认同。

一层一层的乌龟塔

"地平说"深入人心到什么地步呢？直到 20 世纪，还有人认为，地球是一个驮在乌龟背上的大平板，这只乌龟又站在别的乌龟背上，我们的地球就在一个高高的乌龟塔的顶端。如果真是这样，那我们只能祈祷这座塔永远都不会倒掉！

希腊人亚里士多德的发现

亚里士多德通过观察月球盈缺发现，月球上明暗两部分的分界线永远是一道圆弧。这表示，地球的影子始终是圆的。结合希腊人对北极星和海平线上出现的船只的观察，他推测出地球一定是个球体。

他还认为地球是宇宙的中心，日月和行星都围绕地球转动，因为圆周运动最完美，所以转动轨迹一定是圆形的。

给地球定位的托勒密

天文学家托勒密完善了亚里士多德的地球中心说。他认为，日月和行星各自绕着一个小圆周运动，每个小圆周的中心点又依次分布在以静止的地球为中心的几个大圆周上，这些星球绕着自己的小圆周转动的同时，还一起沿着大圆周围绕地球转动。

托勒密的模型也不准确，可它明确了地球是一个悬空的球体，还找出了离地球比较近的几个星球，勾勒出了太阳系的雏形。

偷偷研究日心说的哥白尼

在所有人都相信了地心说的时候，哥白尼提出了日心说。哥白尼认为太阳才是宇宙中静止的中心，地球和其他行星都围着太阳做圆周运动。可是担心教会认为他传播歪理邪说，他活着的时候没敢公开日心说。幸好，在朋友们的建议和鼓励下，哥白尼把自己的毕生心血写成了一份摘要，所以我们今天才能看到哥白尼亲自阐述的日心说理论。

伽利略发现不是所有的星体都围着地球转

伟大的思想自有它的追随者，哥白尼并不寂寞。1609 年，伽利略用望远镜观测星空时，发现有小行星围着木星转动。当发现金星有时候像一个大圆盘，有时候像个月牙儿的时候，伽利略意识到，金星需要太阳的光芒来照亮它，所以它肯定也围绕着太阳转圈。越来越多的观测结果让伽利略确信，日心说更正确。

开普勒的烦恼

开普勒的发现似乎不是特别了不起，他只是修正了哥白尼的说法，指出行星不是围着圆形，而是沿着椭圆轨道转动。但想到人类对圆形轨道的喜爱，我们就会明白开普勒能够直面事实有多么伟大。然而这让开普勒深感烦恼，因为椭圆不是完美的形状，但是真理就是真理，哪怕它并不完美。

牛顿来了

1687 年，艾萨克·牛顿先生向世人宣布——现在，我将演示世界体系的框架！这一年，牛顿发现了万有引力。他告诉我们，月亮围着地球转，地球绕着太阳转，行星沿着既定的轨道运行，这都是因为万有引力的存在。

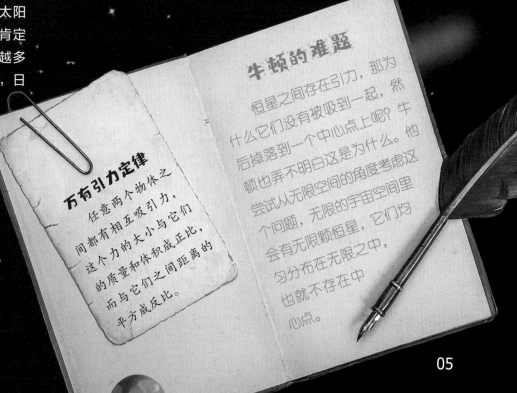

万有引力定律

任意两个物体之间都有相互吸引力，这个力的大小与它们的质量和体积成正比，而与它们之间距离的平方成反比。

牛顿的难题

恒星之间存在引力，那为什么它们没有被吸到一起，然后掉落到一个中心点上呢？牛顿也弄不明白这是为什么。他尝试从无限空间的角度考虑这个问题，无限的宇宙空间里会有无限颗恒星，它们均匀分布在无限之中，也就不存在中心点。

哎呦喂，这个大个子从哪儿蹦出来的？

　　牛顿提出万有引力定律后，人类观察宇宙的视角豁然开朗。对宇宙的好奇心，已经不是地球、日月以及太阳系的其他行星可以满足的了。人们开始看向宇宙深处更远的地方。太阳系外，是否还有更广袤（mào）无垠（yín）的空间存在？宇宙到底是怎么出现的，是否存在一个开端？在此后的岁月中，这些问题引发人类不懈地探索和追寻。

宇宙可能有一个开端

　　天文学家哈勃通过天文望远镜观察夜空，发现宇宙不是静止的，而是一直在膨胀。这解答了为什么恒星们不会因为引力挤到一起的问题，但是人们又面临着一个新问题。如果宇宙如此巨大是膨胀的结果，那不就是说宇宙以前比现在小，星体之间的距离也更近，这样倒推下去，宇宙是不是有一个开端？是的。这个开端是一次大爆炸。

一个密度无限大、质量无限大、热量无限高、体积无限小的"点"，也是一个地球上的物理规律到了那里就不管用的地方。

奇点

宇宙大爆炸

　　大约 137 亿年前，有个叫奇点的家伙爆炸了。爆炸结束后，炸出来的地方像个充了气的皮球一样，不停膨胀，最后变成了我们今天看到的宇宙。如果用地球上的事情来描述，那就好比在一座山上炸了个洞，然后不断地拓宽，随着时间的推移，这个洞越来越大，越来越大。

大爆炸告诉我们的物理学意义

　　在大爆炸理论出现以前，人们认为宇宙是上帝创造的。但我们已经知道了宇宙在膨胀，宇宙的开端就有了物理学上的原因，可以说，是大爆炸将宇宙的起源纳入了科学的范畴。

有趣的临时性

如果有一天，科学家们发现宇宙停止了膨胀，大爆炸的说法就有可能被推翻。但这并不表示这些理论没有价值，相反，这正是物理理论的有趣之处。科学家通过观测提出一个理论，如果这个理论被更多观测证明是正确的，它就会继续存在，我们也会更加相信它。但哪怕有一次观测不符合理论，我们就必须抛弃或者修正这个理论。你瞧，就是这个不断发现错误的过程激励着人们永无止境地去探索宇宙运行的规律。

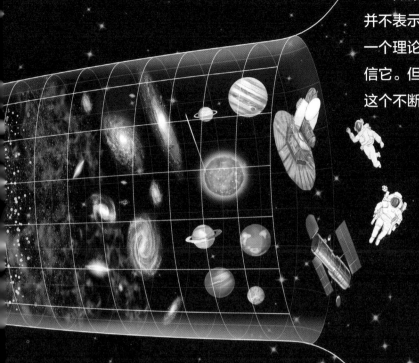

科学的终极目的

在一次对金星运行轨道非常精确的观测中，爱因斯坦广义相对论预言的运动模式和事实完全相符，以万有引力为基础的预言则有些偏差。不过在差别不大的情况下，科学家依然选择采用牛顿的理论作为解释万物运行的根据。这不是科学家们偷懒（虽然牛顿的理论确实更容易理解），而是——科学研究的目的就是要找到一个简单的理论去描述宇宙。不过，现在暂时还没有一个能够描述一切宇宙现象的理论。

跨时空会晤

统一理论中的自相矛盾

人类从对宇宙的观察中找出描述宇宙的理论，然而所有观察和推论是建立在一个或更多我们已经相信的理论基础之上的。那么，如果作为基础的理论是矛盾的呢？

当今科学家都是按照广义相对论和量子力学这两个基本的部分理论来描述宇宙的，广义相对论描述引力和宇宙的大尺度结构，量子力学处理微观尺度中的现象。它们各管各的，不可协调——它们不可能都正确。但后来人们又发现，当把它们的部分理论结合就能描述宇宙中的万物，因而寻找完备的统一理论也就不是那么必要了。

量子力学　　　广义相对论

现代物理学的两大基石

宇宙年表

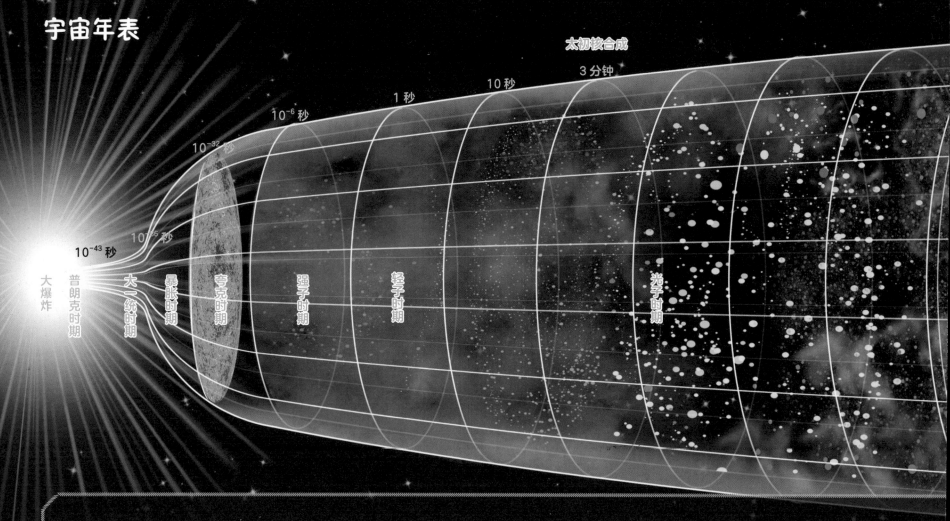

太初核合成

3 分钟

10 秒

1 秒

10^{-6} 秒

10^{-32} 秒

10^{-36} 秒

10^{-43} 秒

大爆炸 普朗克时期 大一统时期 暴胀时期 夸克时期 强子时期 轻子时期 光子时期

极早期宇宙阶段（高温、高密，只有一些基本粒子形态的物质存在）

大爆炸	时间、空间、能量、物质都诞生在这场大爆炸中。
大爆炸发生至 10^{-43} 秒	**普朗克时期** 宇宙历史的最初时期，目前人们还无法得知这一时期究竟发生了什么。
大爆炸后 10^{-43} 秒至 10^{-36} 秒	**大一统时期** 随着宇宙的冷却，引力开始与电磁力、弱核力、强核力分离。在这一时期，物质和能量可以自由地相互转换。
大爆炸后 10^{-36} 秒至 10^{-32} 秒	**暴胀时期** 在极短的一段时间内，宇宙急剧膨胀，大小增加了 10^{26} 倍，温度降低到了原来的十万分之一。
大爆炸后 10^{-32} 秒至 10^{-6} 秒	**夸克时期** 也叫"弱电时期"，能量充满了宇宙的各个角落，各种粒子混杂在一起，就像一锅"粒子汤"。大量的夸克和反夸克对从能量中产生又湮（yān）灭，胶子等粒子也在这一时期出现。
大爆炸后 10^{-6} 秒至 1 秒	**强子时期** 宇宙的温度继续降低，夸克时期形成的夸克与反夸克被束缚在一起，形成强子，中微子不再与重子发生相互作用，可以自由在宇宙中穿越。
大爆炸后 1 秒至 10 秒	**轻子时期** 在强子时期的末期，多数的强子和反强子互相湮灭，留下的轻子（电子、中微子）和反轻子成为宇宙中的主角。

早期宇宙阶段（温度下降到 10 亿摄氏度左右，化学元素开始形成）

大爆炸之后 10 秒至 38 万年	**光子时期** 宇宙的温度下降至原子核可以形成的温度，质子和中子开始进行核聚变结合成更大的原子核。
大爆炸后 3 分钟	**太初核合成** 核聚变开始形成锂、氘（dāo）和氦，现有氦原子中 98% 都是在这一阶段形成的。

30 万年　38 万年　　　　　　　　　　　90 亿年　91 亿年　　　　　137 亿年

2 亿年　10 亿年　　　　　　　　　　　　　　100 亿年

黑暗时期　第一代恒星出现　第一个星系形成　太阳形成　地球诞生　今天的宇宙

大爆炸后 20 分钟	**核聚变终止**　正常的物质包含 75% 的氢和 25% 的氦，自由电子开始散射光子。
大爆炸 30 万年后	温度下降到 2700 摄氏度，质子和原子核开始捕获电子，形成**最初的原子**。电子被束缚在原子核中，无法再散射光子。光子开始以辐射形式在宇宙中传播，宇宙从此变得透明。这些最初的光子就是我们今天探测到的宇宙微波背景辐射（光子自由飞行，成为宇宙微波背景）。
大爆炸后 30 万年至 2 亿年	**黑暗时期**　人们把第一批原子形成之后到第一代恒星形成之前的这段时间称为"黑暗时期"。这时期的宇宙没有任何光源；占据统治地位的主要是暗物质，它们最终坍（tān）缩，形成了恒星和星系。

宇宙结构形成阶段

（宇宙间的气态物质逐渐凝聚成星云，并逐渐演化成星系、恒星和行星，再进一步形成各种各样的恒星体系，成为我们今天所看到的璀璨的星空世界。）

大爆炸后 2 亿年	由氢和氦组成的**第一代恒星**出现。
大爆炸后 10 亿年	**宇宙中第一个星系形成**　它是由数以亿计的星体、气体和尘埃组成的。
大爆炸后 90 亿年	**太阳形成**　由氢和其他微量元素构成的分子云的一个片段开始崩塌，形成以太阳为中心的大球体和其周围的盘面。
大爆炸后 91 亿年	**地球诞生**　地球是在太阳形成后的残留物质中诞生的，是目前已知的唯一有生命存在的星球。
大爆炸后 137 亿年	**今天的宇宙**　宇宙继续膨胀，无数星系被暗物质包围着。

时间和空间

宇宙大爆炸，诞生了空间和时间。所有的物质，包括人类都存在于宇宙空间中，时间也在空间中静静流逝。很多很多年过去了，人们以为时间和空间就是我们看见和感受到的样子。但是，在科学家们的眼中，空间和时间远比我们想象的复杂和有趣。于是，他们向着空间和时间进发，试图寻找那些自己所不了解的问题的答案！

> 我不是，我没有，别瞎说！

人们最早关于空间的认识需要借助空间中物体的运动来建立，这里的空间也可以理解为物体所在的位置。

> 物理学的事儿，光靠想是不行的。

在亚里士多德的观念里，同时释放两个物体，重的那个一定先落地。

伽利略用实验推翻了亚里士多德"重的物体比轻的物体下落更快"的说法。

不过伽利略可没有从比萨斜塔上往下扔东西，毕竟这太危险了。伽利略是在一个光滑的斜坡上进行实验的。

同时释放

斜坡实验

长长的斜坡

站在地球上静止不动的人其实也在随着地球自转和公转，若以地球上同样静止的物体为参照就是静止的，若以太空中某个物体为参照就是运动的了。

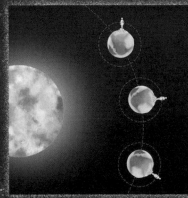

这个理论推广到整个宇宙，那么绝对静止的状态就不存在。推翻绝对静止的存在只需要找到一个参照系。

如果我们在运动的车上跳起，2秒后落地，在我们及车上的人看来，我们跳起落下的位置是一样的，没有空间上的区别。但此时如果车外也有一个人注意到了你的动静，在他看来，你跳起落下就完全不在同一位置和空间了。

在爱因斯坦以前，人们相信时间的长短也是绝对的。一秒钟就是一秒钟，只要钟表足够精确，谁来测、在哪里测都一样，不受空间影响的存在。

这一观念的打破，源于人们对光的认识。

迈克尔逊和莫雷的干涉仪装置

丹麦天文学家欧尔·克里斯琴森·罗麦最早发现光的传播也是有速度的。接着，迈克尔逊和莫雷通过实验证实了光速在不同惯性系中和不同方向上都是相同的。

既然光是有速度的，那么如果有人以接近光速的速度运动，他观察到的现象一定和静止的人不同，他感受到的时间也就不同。爱因斯坦因此提出相对论，指出移动的观察者所感受到的时间的流逝要比静止状态下感受到的慢。

绝对时间和绝对空间

最初，人们相信时间和空间都是绝对的，与位置以及物体的运动方式无关。牛顿的力学体系就是建立在这一前提下的。但爱因斯坦的相对论告诉大家，时间和空间并不绝对，它们也会变化，都是相对的。

也有人会疑惑，如果是质量相差特别大的物体呢？比如一根羽毛和一个铅球。

1971年，宇航员已经在没有空气阻力的月球上完成了这个实验，证实它们也是以同样速度下落的。

羽毛　　铅球

那么运动和静止状态是绝对的吗？也不是，牛顿的运动定律就足以说明这点——物体的运动状态是相对的，所以没有绝对静止的状态。

发生在不同时间的两个事件在空间上的位置不确定是否相同。

在伽利略的基础上，牛顿进一步推导出惯性定律，也被称为牛顿第一定律。惯性定律推翻了亚里士多德"物体的自然状态是静止的，只有受到力或撞击才会运动"的理论。

实验需要
请勿模仿

惯性也会改变物体的运动状态。

双生子悖（bèi）论

弟弟！

哥哥！

这是一个思想实验：一对孪生兄弟，一个登上宇宙飞船做长时间太空旅行，而另一个则留在地球上。多年以后，当旅行者回到地球，会发现自己比留在地球上的兄弟更年轻。

1955年造的原子钟

为了证实高速运动中的物体时间会变慢，科学家曾三次将非常精确的原子钟放入超声速飞机中进行实验，发现飞行结束后，飞机上原子钟的时间比地面上的慢了一秒钟。由此，人们认识到，时间也是相对的，在不同的空间流逝速度也有区别。

在我们的意识中，事件发生是有先后顺序的。以先后顺序来定义过去与未来似乎符合我们的常识。

3月5日9时
在课堂里上数学课

3月5日10时
课间请教老师问题

3月5日16时
去书店买习题集

3月6日9时
认真做实验

3月9日星期六
参观科普展

4月10日
获奖

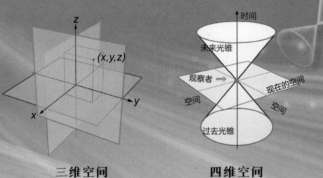

三维空间　　　四维空间

在超声速飞机上进行的实验证明了时间不是独立于空间而存在的，时间和空间变成了"空间－时间"，是由我们生活的三维空间和时间一起组成的四维空间。发生在四维空间中的一切都叫作事件。

举例来说，如果你在某个时间点到某地去做某件事，那么这件事就可以用四维空间里的一个点来表示，而这件事情发生的时间和地点就是事件对应的时间点和空间点。

放置事件的时间光锥

小读者们，不知道你们有没有试过将一块石头扔进池塘里，石头落水后水面的涟漪（lián yī）会以圆圈的形式向四周散开，且随时间越来越大。如果将这个现象以四维模式建立模型就是一个圆锥。

一个事件发生时，散开的光形成圆锥，就叫作时间光锥。科学家们把收纳已经发生的事件的圆锥叫作过去光锥，收纳将要发生的事件的圆锥叫作未来光锥。而过去光锥和未来光锥碰面的地方就是你的现在事件。

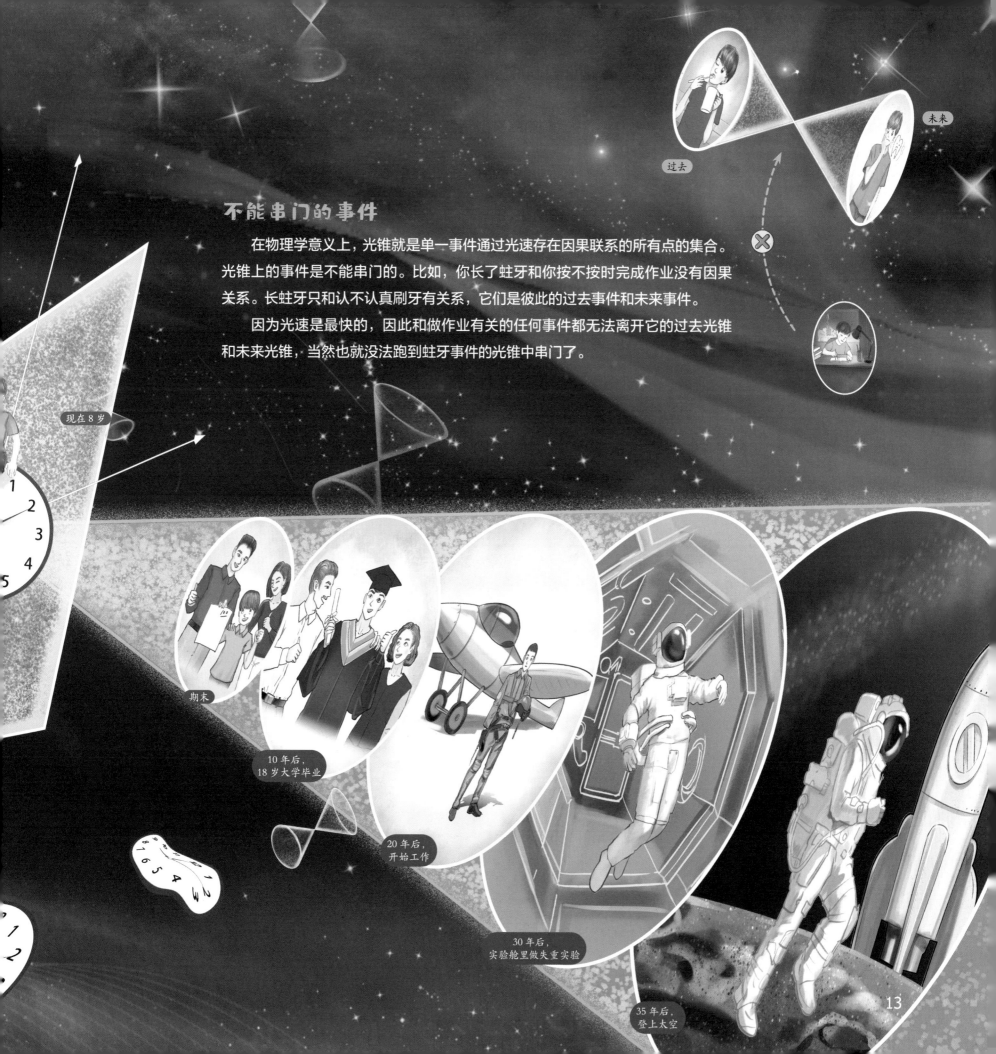

不能串门的事件

在物理学意义上，光锥就是单一事件通过光速存在因果联系的所有点的集合。光锥上的事件是不能串门的。比如，你长了蛀牙和你按不按时完成作业没有因果关系。长蛀牙只和认不认真刷牙有关系，它们是彼此的过去事件和未来事件。

因为光速是最快的，因此和做作业有关的任何事件都无法离开它的过去光锥和未来光锥，当然也就没法跑到蛀牙事件的光锥中串门了。

过去

未来

现在8岁

期末

10 年后，
18 岁大学毕业

20 年后，
开始工作

30 年后，
实验舱里做失重实验

35 年后，
登上太空

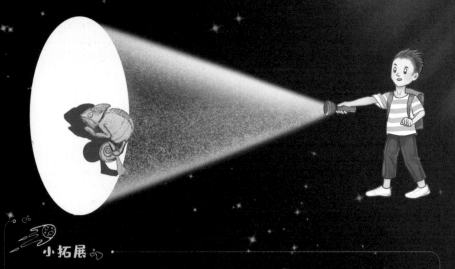

时空弯曲让星星们彼此吸引

爱因斯坦颠覆了人类对于时间的认识之后，又向万有引力发起了挑战。

他在狭义相对论中提出，光的传播速度最快，那引力就跑得比光慢，这就和牛顿引力理论矛盾了。牛顿认为，引力作用是瞬间的事。假如太阳突然消失了，在太阳消失的一刹那，太阳系所有的行星都会从轨道上飞出去。但我们从麦克斯韦的理论中知道，太阳的光线要经过八分钟才能传到地球，也就是说，至少在太阳消失八分钟后，太阳用来拉住地球的力才会消失。所以爱因斯坦认为，让地球绕着太阳转的不是引力，而是其他力量。

爱因斯坦在广义相对论中提出，引力和其他力不同，引力不是力，是时空不平坦（时空弯曲）这一事实的结果。

小拓展

光速最快

光是我们看到物体的前提，光从光源中发出，接触物体后反射回来到达我们的眼睛或捕捉光的检测仪器，我们才能发现物体，而这个过程往往不到一秒就能完成。

光速是最快的是基于爱因斯坦狭叉相对论的一个假设，当物体以接近光速的速度运动时，它的质量会变成无限大，而质量与能量等效，需要有无限大的能量才能克服阻力达到超光速运动的目的。所以任何质量不为 0 的正常物体想要超光速都是不可能实现的。

牛顿：是引力！

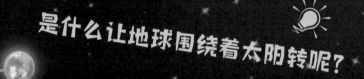

是什么让地球围绕着太阳转呢？

太阳的质量引起时空的弯曲，使得虽然在四维的时空中地球沿着直线的轨迹运动，却让我们在三维空间中看起来是沿着一个圆周运动

爱因斯坦：不！是时空弯曲。

超酷的时空弯曲

让地球绕着太阳转的神奇力量叫作时空弯曲。只要是有质量的物体都会引起时空的弯曲，你的自动铅笔也会引起时空弯曲，不过它的质量太小了，你什么感觉都没有。太阳就不一样了，它的质量很大，能让地球沿着弯曲的轨道绕着它公转。其实地球是沿着接近直线的测地线的轨迹运动。因为时空弯曲，才看起来好像在走曲线。宇宙中的光线都是沿着测地线走，只是和地球一样，经过大质量的星体时会弯折。不知你有没有发现，你家的宠物也是走直线跑到它的食盆那里。直线是宇宙里的万物都会选择的行动轨迹呢！

 **小拓展**

你知道吗？

按照时空弯曲理论，相比于高空，在地面附近，光要受到地球的影响，不再沿着严格的直线前进，所以速度会变得更慢些。而我们正是靠眼睛接收光线来感受时间的，所以地面上的一秒钟，要比高空中慢一点儿。

静止的物体也有时间差别

广义相对论预言，事物静止的时候，在像地球这样的大质量的物体附近，时间流逝得更慢一些。

1962 年，科学家们做了一个实验，在一个水塔的顶部和底部各放置了一个非常精确的钟，发现底部更靠近地球的钟走得更慢些。我们可以做一个类似的实验，自己来看看到底是不是这样。

爱因斯坦的相对论不仅重新定义了时间和空间，他的广义相对论还推导出宇宙必须有一个开端，并且可能有一个终结，一起往下看吧。

怎么发现宇宙有一个开端?

小读者们,你们知道吗?宇宙和你们一样,每时每刻都在长大。只不过,宇宙不是因为吃了有营养的食物才长大的,宇宙不断长大,是因为它一直在膨胀,就像一个越吹越大的气球。

但是,我们是如何知道宇宙在变大的呢?这还要从一个"碟子"说起。

18世纪,人们发现,他们可以观测到的大部分恒星都在一个碟状结构中,科学家们据此推断银河系应该是碟状的,通过长期的观察和记录,他们确定了银河系的形状。

银河系是一个巨大的恒星系统,它里面的恒星有1000亿～4000亿颗。银河系中还有大量星团、星云,以及各种星际气体和星际尘埃,总质量大约是太阳质量的1400亿倍。

银核:银河系的核,直径约为几万光年,厚约1万光年,质量为太阳质量的 10^5～10^6 倍。

银盘:银河系的主要组成部分,以轴对称的形式分布在银核的周围。

银晕:银盘外一个更大的球形物质,这里星体相对较少,密度也小。在银晕的外面还有物质密度更低的银冕。

1779年,英国天文学家赫歇尔用自己制作的望远镜观测星空,并据此绘出了世界上第一幅银河系结构图,从此人类有了银河系的概念。

"人们以为宇宙中只有银河系"

卡普坦推动了统计天文学的发展,他根据统计的银河系中恒星计数结果,建立了岛宇宙模型,人们把这个模型称为"卡普坦宇宙"。

宇宙中不是只有一个银河系

起初人们以为宇宙中只有银河系,人们观测到的仙女座星云也只不过是银河系中一团发光的气体,但哈勃通过细心观测和计算发现,这团"星云"距离地球至少几十万光年,已经超过了银河系的大小。也就是说,银河系外还有别的星系。

银河系

1924年,美国天文学家哈勃在仙女座大星云的附近找到了被称为"量天尺"的造父变星,并利用造父变星的光变周期和光度等计算出了仙女座星云到地球的距离,证明它确实是在银河系之外的天体系统。

河外星系

在银河系以外，还存在许多像仙女座星系一样由大量恒星、星团、星云和星际物质组成的星系，它们都被称为"河外星系"。人们目前已观测到的河外星系就已超过 10 亿个。河外星系的发现让我们对宇宙有了更深的了解。它们就像浩瀚宇宙中的一个个小岛屿，我们的银河系也只是无限宇宙空间中极微小的一部分。

小拓展

宇宙有多大呢？

我们只知道宇宙很大很大，但是宇宙具体有多大呢？目前还没有人清楚。人类现有科技允许的可观测宇宙直径大约是 970 亿光年。

宇宙中有亿万个天体，单银河系的直径就超过 10 万光年，而宇宙中至少有 10 万亿个银河系大小的星系。这样说你对宇宙的大小有概念了吗？

光年 是天文学中的长度测量单位之一，指光在真空中一年内传播的距离，大约为 9.4607×10^{15} 米。

正当人们还在为这个发现震惊时，哈勃又有了一个惊人的发现：几乎所有的星系都在远离我们，并且星系之间也在互相远离。宇宙居然还在膨胀变大！

仙女座星系

在哈勃发现宇宙膨胀之前，已经有人意识到宇宙不是静止的。他们是如何发现这个现象的呢？

怎么发现宇宙不是静止的呢？

前面我们也曾提到，牛顿提出引力说的时候，人们就提出过质疑：星星为什么没有在引力的作用下聚集到一起？那时就有科学家猜想宇宙不是静态的了。

方向A
方向B
方向C
观察者
方向D

弗里德曼看遥远的星空

弗里德曼的发现

1922 年，数学家弗里德曼发现，他从任何方向、任何地点观测，宇宙看起来都是一样的。弗里德曼由此提出了一个猜想：宇宙不是静止的，而是在膨胀。

这是为什么呢？因为宇宙内部物质的分布不是完全均匀的，所以我们在不同的地点、不同的方向看见的遥远的星空总该有点不同。如果遥远的星空看起来永远是一样的，那只有一种可能——宇宙已经大到我们根本看不出物体分布是均匀还是不均匀了。

一次偶然的发现

1965 年，美国物理学家阿诺·彭齐亚斯和罗伯特·威尔逊从他们设计得非常灵敏的微波探测器中捕捉到异常的噪声，他们把探测器的方向挪来挪去，发现无论探测器朝向哪个方向，无论白天黑夜、春夏秋冬，这个噪声都没有变化。在排除了所有可能出现的故障原因后，他们意识到，产生噪声的光波应该是从太阳系外的宇宙深处传来的。因为如果光波是从太阳系内部传来，那么在不同的方位，噪声大小会有差别，而这些强度始终一样的噪声显然也没有受到地球自转和公转的影响。这也证实了弗里德曼的猜想，宇宙在不同方向上确实是一样的，至少在大尺度上是如此。

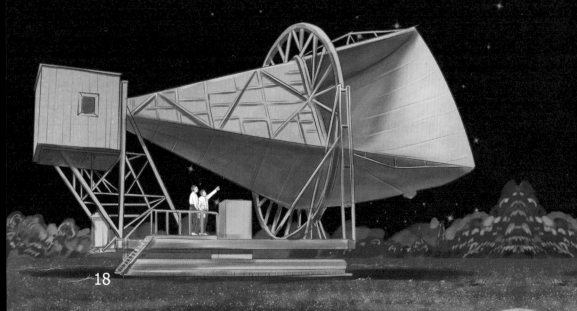

彭齐亚斯和威尔逊发现的异常噪声就是宇宙微波背景辐射，是宇宙大爆炸最关键的证据，也因为这个 20 世纪天文学史上最重要的发现，他们在 1978 年获得了诺贝尔物理学奖。

地球是宇宙的中心吗？

也有人会想，我们观测到其他所有星系都在离地球而去，这似乎在暗示着地球在宇宙中的位置有点特别，那么地球就是宇宙的中心了吗？

让我们拿出一个气球，在上面画很多的墨点，然后将它吹起来。随着气球被越吹越大，任何两个墨点之间的距离必定也在变大，所有墨点的位置都将发生改变。

气球吹得越大，它们互相背离的速度也越快，但没有哪个墨点会是膨胀的中心。

所以，地球不在宇宙的中心，它的位置不特殊，也没有任何星球的位置是特殊的。

弗里德曼还预言，任何两个星系相互离开的速度是与它们之间的距离成正比的。哈勃的发现，证明了这个结论的正确性。

哈勃从望远镜里看见恒星在远离

哈勃用望远镜观察天空时看到大部分的恒星都发出红光，由此，他判断这些恒星都在离我们远去。

为什么哈勃这么说呢？有个叫多普勒的科学家发现：如果物体远离我们，它辐射出的光的波长就会变长，而频率则会降低。红光正是我们能看见的光中波长最长、频率最低的光，大部分的恒星都发出红光，就表示它们在不断离我们远去！

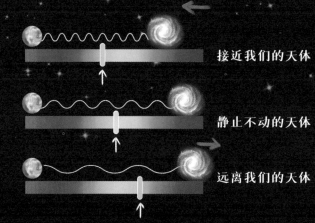

接近我们的天体

静止不动的天体

远离我们的天体

声音是一种波，当一辆响着喇叭的车远离你时，波长变长，喇叭声的音调会慢慢变低；而当它靠近你时，波长变短，喇叭声的音调会慢慢变高。

光和波具有同样的性质，所以会发生同样的现象，光在靠近时会向紫色（蓝色）偏移，远离时会向红色偏移。

宇宙是否会一直膨胀，还是有一天会开始收缩？至少在目前谁也无法给出准确的回答。不过我们知道的是，凡事都有个开始，这个膨胀的大家伙也不例外。我猜你一定已经期待着听一听关于宇宙开端的故事，让我们一起大开眼界吧！

宇宙诞生之初的图景

所有物体，包括我们都是由叫作粒子的小家伙组成的。粒子有很多种，它们都是在宇宙大爆炸发生时，在极高的温度中产生的，同时诞生的还有它们的反粒子。当温度开始下降时，粒子的速度降低，它们有些彼此结合到一起，形成了更大的粒子，有些则和对应的反粒子碰在一起，湮灭消失了。

大爆炸产生的粒子多到难以想象，尽管其中的大部分都以湮灭结束，但剩下的就已经足够保证我们现在宇宙的形成了。

粒子：能够以自由状态存在、最小的组成物质的元素。最早发现的粒子是原子、电子和质子，后来又发现了中子。原子由电子、质子和中子组成，电子、质子和中子是更为基本的物质组成部分，叫作基本粒子。

反粒子：所有的粒子都有一个反粒子，粒子和反粒子相撞，会发生湮灭，并释放出能量。

| 夸克 | 质子 | 中子 | 氢原子核 | 氦原子核 | 电子 | 氢原子 | 氦原子 |

宇宙诞生日记

宇宙的运气不错，它平平安安出现了。但这只是开始，宇宙里面那么多的星系、星云、恒星和行星，还有其他无数我们看得见和看不见的星际物质，它们又是怎么出现的呢？

1. 有了最初的原子核

大爆炸之后 100 秒，宇宙的温度降到了 10 亿摄氏度。在这个温度下，粒子中的质子和中子相互结合，形成原子核。包含一个质子和一个中子的原子核叫作氘核，氘核继续与更多的质子、中子结合，形成包含两个质子的氦核。在大爆炸后，约有 1/4 的质子和中子转化成了氦核。其余的中子大多发生衰变，变为质子，单独的质子就是氢核。氢和氦是构成宇宙的基本元素。

2. 气体尘埃云形成了

大爆炸之后几小时，宇宙的温度降到了几千摄氏度，电子和原子核结合在一起形成了原子。随着宇宙继续膨胀，温度持续下降，在密度大的区域，星体间的吸引力使得膨胀慢了下来，甚至出现坍缩。坍缩区域之外的物体，吸引着坍缩的区域开始旋转，如果旋转的区域变小，旋转速度就会加快，这就像在冰上自转的滑冰者，缩回手臂时会自转得更快。当自转的区域小到可以平衡外部物体的吸引力时，旋涡星系就形成了，同时也有内部不发生旋转的椭圆星系形成。而无论什么形态的星系，里面都充满了氦和氢。之后，星系中由氦和氢组成的气团被分割开，形成了星云。

4. 地球出现了

地球也是由各种粒子组成的，也和其他星体一样，经历了一个温度从高到低、逐渐冷却的过程。开始的时候地球上甚至没有大气，后来从岩石中溢出了气体。说起来，地球上的每一块石头都不简单，你家门口的一颗石子也许就存在几亿年了。当然，地球最独一无二的特点是——它孕育了生命。我们非常幸运，早期的初级生命消化了地球上有毒的气体，逐渐将大气成分改造得适合高级动物和人类的生存。

3. 第一代恒星和星系

宇宙的第一代恒星就诞生在星云气体中，那大概是大爆炸之后的 2 亿年。宇宙中密度较大的物质团在吸收周围的稀疏物质后，冷却了下来形成了暗物质晕。在引力的作用下，这些暗物质晕坍缩了，形成了原星系。然后，晕之内的氢和氦聚合，形成第一代恒星。又过了 8 亿年，这些星体之间进一步聚集成恒星团，形成了体积更大、质量也更大的结构，也就是第一代星系。

宇宙曾经暴胀过吗？

也曾有科学家提出过暴胀模型，认为暴胀过程发生在宇宙大爆炸之后的 10^{-36} 秒到 10^{-32} 秒之间。在这个时间段宇宙以非常大的增长速率膨胀。暴胀使得宇宙的物质分布更为均匀，也更为平滑，产生适合人类出现的区域。但是暴胀理论至今仍有很多不完善的地方，依然无法为宇宙开端提供足够的、科学的证据。

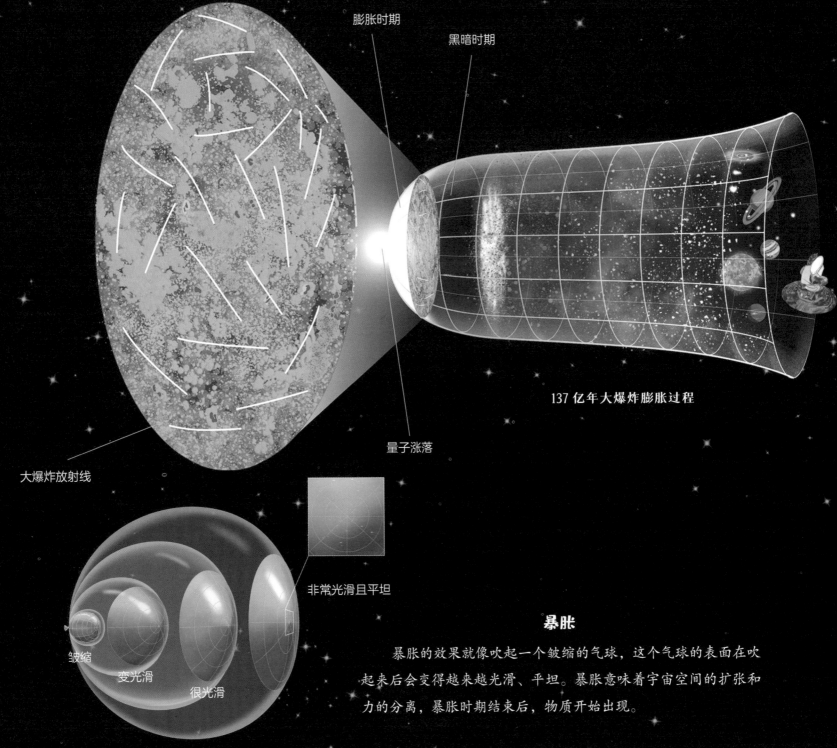

膨胀时期

黑暗时期

137 亿年大爆炸膨胀过程

量子涨落

大爆炸放射线

非常光滑且平坦

皱缩

变光滑

很光滑

暴胀

暴胀的效果就像吹起一个皱缩的气球，这个气球的表面在吹起来后会变得越来越光滑、平坦。暴胀意味着宇宙空间的扩张和力的分离，暴胀时期结束后，物质开始出现。

宇宙从非常热到膨胀，再到因为膨胀而冷却的景象，和科学家们的观测一致。但是有几个问题科学家们始终无法解决。

① 宇宙在它生命的早期为什么那么热？
② 为什么我们无论往哪个方向观测，宇宙都是一样的，甚至连温度都是一样的？
③ 为何宇宙能以一个刚刚好的速度开始膨胀？
④ 宇宙在大尺度上物质分布均匀，但为何在一些区域里，却缺乏规律？比如，每一个恒星和星系都是不一样的？
⑤ 宇宙是因为什么而存在？

弱人择

难道宇宙是为了人类而出现的？

关于这个问题，科学家们曾经提出了弱人择和强人择两种观点。

弱人择观点认为，作为宇宙观察者的我们之所以存在于这个时空，是因为这个时空提供了我们存在的可能。这个观点解释了为何大爆炸发生在 100 多亿年前，因为要保证有足够的时间让宇宙变得适合人类居住。这就好比宇宙布置好了舒适的房间等着我们使用。然而，宇宙的早期阶段应该有不止一个适合人类出现的区域，因此支持它的证据并不充足。

强人择观点认为，存在许多不同的宇宙，每个宇宙也存在许多不同的区域，它们都有自己初始的结构，或许还有自己的一套规律。在众多的小宇宙中，也有少数像我们的宇宙这样，恰巧适合生命的生存，而我们又幸运地诞生了。人类的诞生只是因为恰好适应了当前的宇宙，而不是宇宙迁就了人类。

和宇宙相比，人类是这样微不足道，很难相信宇宙会在乎人类能不能生存。虽然至今还没发现第二个有人类这样的智慧生物存在的星球，但"宇宙是为人类而存在"这样的说法，还是太自大了。

强人择

干脆不要奇点

宇宙起源问题已经比较清晰了，接下来还剩下一个最让物理学家们头疼的问题——奇点在哪里？

已知的科学理论和定律在奇点这个时空弯曲达到无限大的点，完全失去了作用，因此科学家们也无法找到宇宙开端的"奇点"所在。奇点不会出现在真实的世界中，这就构成了宇宙学最大的疑难：奇点疑难。为了破解这个难题，1982 年，霍金等人提出了将量子力学和广义相对论结合在一起的量子引力说来研究宇宙起源问题。宇宙诞生时的尺度是极小的，显然属于量子力学的研究范畴。有了这个理论，科学家甚至不用再为奇点困惑，因为如果粒子的运动是不确定的，那么一个确定地作为宇宙开端的奇点也就不是必需的了。

量子
引力说

宇宙可以从任意点开始

如果没有奇点，宇宙从何而来呢？为了解释这种情况下的宇宙开端，科学家们又提出了虚时间的概念。

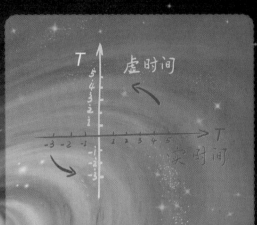

实时间　　　　　　　　虚时间

虚时间是从数学的虚数中引入的概念，相对实时间而言的说法，实时间就是我们日常生活中感受到的呈直线的时间。在这条直线上，时间只能向前，不能倒流。而虚时间和空间一样，是三维的，是一个球体。在实时间中，宇宙要么存在了无限长时间，要么从一个开端开始。在虚时间中，宇宙可以在这个"球形时间"的表面转一圈又回到出发的地方，分不出起点和终点。

宇宙在虚时间中的历史，就像地球表面一样，有限但没有边界，没有人会掉到外面去。

虚时间是球状的，因此无法在里面找到时间的起点，同样也没法找到终点。就像我们在一个无法确定起点和终点的圆形轨道上开车，唯一能做的事情就是一圈圈开下去。如果把宇宙放到虚时间中，宇宙的膨胀和收缩就是一个不断循环的过程，奇点自然就不存在了。

霍金的量子引力说可以从"无"中生"有"，避免了"奇点"的出现。在霍金的宇宙里，时间和空间构成了一个四维闭合球面。

关于宇宙开端的种种理论，虽然还只是科学家描述自己观察到的现象的数学模型，是思考和推测的结果。但是，所有这些思考和推测都为我们一点一点勾勒出了宇宙开端的图景，使得人类可以慢慢揭开遮掩宇宙出现真相的面纱，渐渐看到宇宙未来的样貌。

宇宙的命运

如果说宇宙的开端始于一场大爆炸，那么宇宙的未来又会是怎样的呢？

到目前为止，科学家们已经为宇宙的命运假设了好几种可能性。小读者们，我猜你们一定很好奇，急着想知道科学家都说了些什么。不过，在揭晓答案之前，我特别想请你们也来动动脑筋，想一想在很久很久之后，宇宙会变成什么样子。先别急着说不知道，我们已经了解了宇宙是从一个"点"出现，因为膨胀才变得这么大，而且现在还在膨胀。那么，我们也可以试着从宇宙的现状出发，描绘一下它的未来呀。至于这个未来会是什么样子，就等你来告诉我啦！

现在，有什么想法，就大胆说出来吧！

大撕裂（加速膨胀的宇宙）

暗能量在宇宙组成中占优势，产生的排斥力将加快宇宙膨胀速率。

宇宙的命运是由两个方向相反的力竞争控制的：暗物质的吸引力和暗能量的排斥力。暗物质能减缓宇宙膨胀，而暗能量则能加速宇宙膨胀。考虑到两种力的不同组合，人们对于宇宙的命运提出了四种假说。

大挤压（坍缩的宇宙）

暗物质在宇宙组成中占优势，未来的宇宙将会在引力作用下停止膨胀，然后坍缩回到类似大爆炸开始时的状态。

大冻结（缓慢膨胀的宇宙）

宇宙中只有数量少到可以忽略的暗能量，将没有足够的物质来使宇宙膨胀减速，宇宙会一直膨胀下去，但最终不会撕裂，而是扩张到最终什么都不存在。

暗物质与暗能量

暗能量是驱使宇宙运动的一种能量。它和暗物质都不会吸收、反射或辐射光，所以人类无法直接使用现有的技术观测到它们。

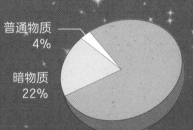

普通物质 4%

暗物质 22%

暗能量 74%

维持现状（临界宇宙）

宇宙的物质密度无限接近临界值但永远不会达到，宇宙会保持不断扩张的最小初始速率。

未来 1：快速膨胀后的大撕裂

我们今天的宇宙是由 4% 的普通物质、22% 的暗物质和 74% 的暗能量组成的，暗能量是让宇宙膨胀的力量，空间越大暗能量越多。也就是说，只要宇宙中有暗能量存在，宇宙的膨胀就一定是一个越来越快的过程。但是星体之间还有引力，它能够平衡暗能量的斥力，让宇宙的膨胀速度不会过快。只是，也许在未来的某一刻，暗能量的力量会完全超过引力作用，那时，宇宙中的万物，大到星系、恒星，小到各种粒子，都将被宇宙的飞速膨胀扯碎。就像从不同方向用力，把一块布片向外拉扯，将布片扯碎一样。科学家们将这种情形称为宇宙的"大撕裂"。

未来 2：缓慢膨胀直至大冻结

"大冻结"是膨胀宇宙的另一种可能，宇宙会一直缓慢地膨胀，但最终不会撕裂，而是扩张到什么都不存在了。

随着时间流逝，宇宙会由"整齐"走向"混乱"，当宇宙内部混乱到极致，物体运动产生的能量就会全部转化为热能，各处的温度将达到一致。宇宙里除了热能，没有其他形式的能量，各处温度一样使得热能自身也无法流动，宇宙就陷入停滞状态，无法让物体运动，不能维持生命存在，也不会产生新的星体。恒星耗尽自身能量后慢慢死亡，随后黑洞将主导整个宇宙，直到连最后一个黑洞也消失了，宇宙将一直处于这种"大冻结"的状态。

就这样，宇宙内部的活力渐渐消失，温度越来越低，最终降到接近绝对零度，仿佛被一块巨型冰块冻结了一样。

大质量黑洞合并

合并到最后，黑洞也被蒸发

伽马射线暴，之后宇宙归于黑暗

未来 3：维持现状的临界宇宙

  若宇宙能一直保持现在的样子，这可能是我们最希望看到的未来了。这种情形下，宇宙膨胀的速度总是能够和引力维持平衡，或者比引力作用大上那么一点点。宇宙膨胀的速率可能会减慢，但是膨胀的状态永远也不会停止；当然也不会发生收缩这种事情。宇宙会稳稳当当地存在，永远膨胀下去。

宇宙历:88888年 88月 88日

未来 4：开始收缩最后回到大挤压

然而，如果宇宙膨胀的速度逐渐放慢，那么最终很有可能因为引力的作用停止膨胀，开始收缩，最终收缩成一个"大挤压"。大挤压还有另一个名字叫作"大坍缩"，是科学家们假想宇宙收缩到不能再收缩时的形态，实际上就是宇宙收缩到终点时的奇点。小朋友们可以想象一下，把一个蓬松柔软的面包挤压成一个紧实得不能再紧实的面团的样子。

大挤压之后，宇宙可能开始新一轮的大爆炸，然后再次膨胀，进入下一次循环。

宇宙 1　　　宇宙 2　　　宇宙 3

大挤压

宇宙总有一天会走向它命运的终点，然而我们现在不需要担心这个问题。这个已经膨胀了 100 多亿年的"生命"，想要收回它膨胀出来的空间，也需要差不多的时间。目前，将人类已知的所有恒星的质量加起来，也只能让宇宙膨胀的脚步放慢 1%。把充满宇宙空间的暗物质算上，也只有阻挡宇宙膨胀所需密度的 10% 的力量。算上所有我们不知道的、让宇宙密度变得更大的物质，也无法在短时间内让宇宙停止膨胀。那么宇宙是否会加速膨胀呢？这种可能性就算存在，也一样是很多亿万年后的事。所以，与其担忧宇宙何时终结，不如多仰望星空，探知更多关于宇宙的奥秘。

神秘的粒子世界

我们已经说到了宇宙的命运，是不是对宇宙的了解就到此为止了？当然不是，你还记得吗，我们曾经提到过人类已知的所有理论在奇点处都失去作用，需要量子引力论来解释奇点的物质运动规律，这个理论的主角之一叫作粒子。粒子天生具有的不确定性使得它可以在奇点处大显身手。虽然粒子是个有点难以捉摸的小调皮，100多年来，科学家还是掌握了关于粒子的很多信息。毕竟，如果人类能够对宇宙的开端多一点了解，那么就可以对宇宙的终结有更准确一点的预言。现在，就让我们来认识一下粒子，看看它到底有多奇妙。

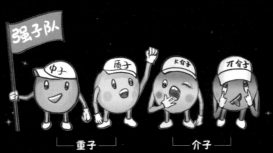

粒子的全家福

小小的粒子拥有一个大家庭。人类目前发现的粒子已经有400多种，包括光子、电子、质子、中子、介子、超子等。

按照粒子间不同的相互作用，粒子被分为三类——媒介子、轻子和强子。媒介子顾名思义，是粒子中的邮递员，在粒子间传送彼此之间的相互作用；轻子是不参加强相互作用的粒子；强子正相反，是参加强相互作用的粒子。

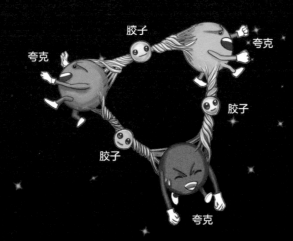

这三类粒子中，强子是现代粒子物理学中的概念，是量子力学的重要研究对象。强子由夸克、反夸克和胶子组成。胶子如同它的名字，像胶水一样把夸克牢牢粘在一起，组成强子。

什么是夸克？

有些小朋友也许听说过夸克，它是一种基本粒子，也是构成物质的基本单元。由于强作用力，夸克总是和其他夸克在一起，形成一种复合粒子——强子。强子中最稳定的是质子和中子，它们是构成原子核的单元。由于"夸克禁闭"的现象，到目前为止夸克都不能直接被观测到，或被分离出来，所以，我们对夸克所有的认知都是通过对强子的观测获得的。

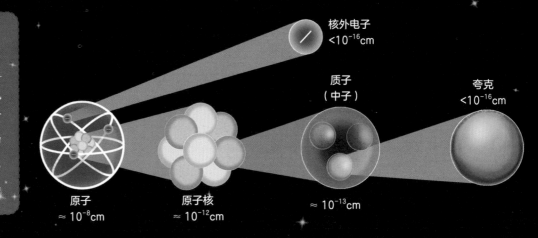

粒子和基本粒子

在粒子大家庭的内部，有些粒子可以再分割，有些则无法再分割。不能再分割的粒子我们称之为基本粒子，它们被认为是组成物质的最基本的单位。目前，在粒子家庭的400多个成员中，有60多种是基本粒子，比如前面提到的夸克。不过，后来的科学家们发现就算是小小的夸克，内部结构也挺复杂的，他们预感到，也许将来会发现比夸克更小的基本粒子。事实上，随着科学家们对粒子世界的探索，基本粒子大家庭的成员也一直在变化。

不可再分割的就是基本粒子

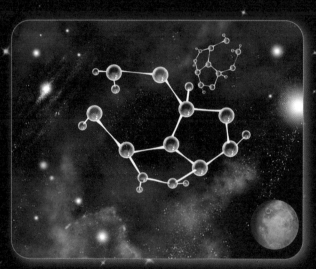

太空中发现的神秘分子链

射电望远镜探测到了甲醛聚合物

彗星尾

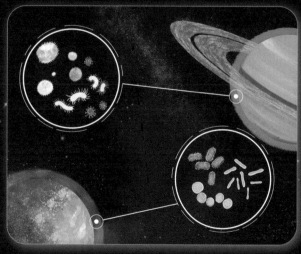

金星、木星大气层中像细菌的粒子

宇宙中的神奇粒子

除了上面我们提到的一些粒子和基本粒子之外，宇宙中还有些独特的、神秘的粒子：

1972年，科学家在太空中发现了神秘的分子链和氨基酸。

1975年，科学家通过射电望远镜在太空中探测到了甲醛聚合体，之后又找到了50多种有机分子，它们都是由各种各样的粒子组成的。

1981年，日本科学家在彗星的彗尾中检测到与细菌一样大小的粒子。

当彗星靠近太阳时，在阳光照射下就会出现长长的彗尾。彗尾分尘埃尾与离子尾两种：尘埃尾是相对较大的颗粒在太阳光压的作用下形成的；离子尾是由气体离子组成的蓝色气体尾。

后来，科学家们又陆续从金星、木星的大气层中找到了形状很像细菌的粒子。

粒子加速器和上帝粒子

如果把基本粒子放大到乒乓球大小，那么乒乓球同比例放大就应该和地球一样大了。

这样小的粒子肉眼根本捕捉不到，为了研究粒子的内部结构和发现新的粒子，物理学家们发明了粒子加速器。

粒子加速器的原理

粒子加速器的原理是利用电磁场加速带电粒子的速度，让它们沿预定方向飞行产生碰撞。当两束被加速到接近光速的粒子碰撞时，会产生巨大的能量并创造出大质量的粒子。被加速的粒子产生的能量越大，它们能够探索的物质结构层次就越深，发现新粒子的希望就越大。

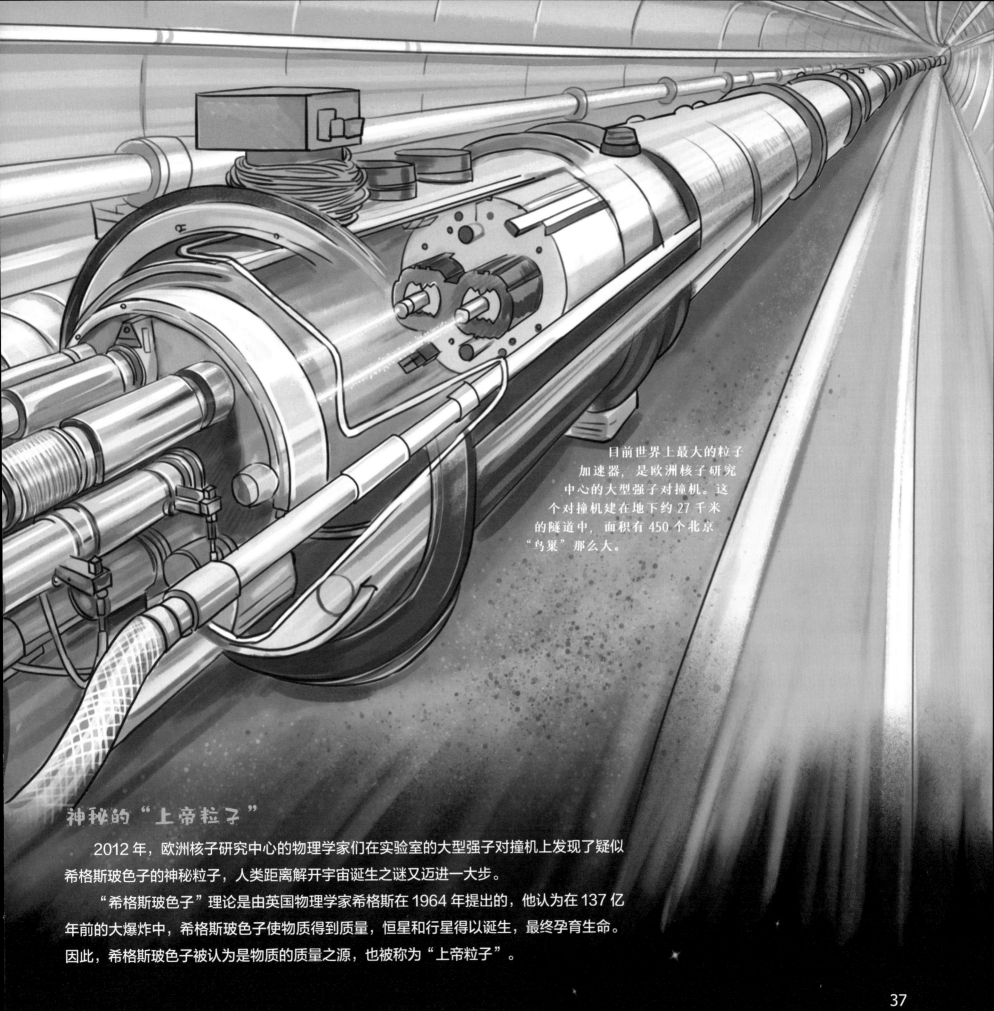

目前世界上最大的粒子
加速器，是欧洲核子研究
中心的大型强子对撞机。这
个对撞机建在地下约 27 千米
的隧道中，面积有 450 个北京
"鸟巢"那么大。

神秘的"上帝粒子"

2012 年，欧洲核子研究中心的物理学家们在实验室的大型强子对撞机上发现了疑似
希格斯玻色子的神秘粒子，人类距离解开宇宙诞生之谜又迈进一大步。

"希格斯玻色子"理论是由英国物理学家希格斯在 1964 年提出的，他认为在 137 亿
年前的大爆炸中，希格斯玻色子使物质得到质量，恒星和行星得以诞生，最终孕育生命。
因此，希格斯玻色子被认为是物质的质量之源，也被称为"上帝粒子"。

发现了粒子小把戏的双缝实验

双缝实验是人们为了验证光到底是"粒子"还是"波"的一个实验。"微粒说"与"波动说"曾经拉锯了很多年。

牛顿认为光是微粒，所有的发光物体都像机关枪一样发出一连串的微粒，这些微粒弹到我们的眼睛里，我们就感受到了光。而惠更斯却认为，光不是微粒的集合，而是一种像水波一样的波，是振动产生的视觉效果。

双缝实验是在一块不透明的板上割出两条平行的狭缝，然后用光源照射。当光穿过两条狭缝后，会在不透明板后面的感光屏上形成明暗相间的条纹，就像水波彼此叠加、干涉。双缝实验让"波动说"取得了阶段性的胜利。

不服气的科学家们又用电子进行实验，按理说，电子是粒子，可以一个一个地发射出去，通过双缝后感光屏上的条纹应该互不干涉。但是随着发射的电子数量增加，感光屏上也出现了明暗相间、互相干涉的条纹。这就意味着每个电子必须在同一时刻通过两条狭缝，自己与自己发生了干涉。

这个双缝实验说明了粒子也具有干涉和衍射等波的特性，粒子的波粒二象性作为一个基本事实确立下来了。

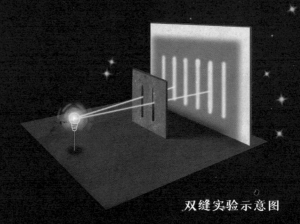

双缝实验示意图

提出粒子的不确定性

在双缝实验的基础上，德国物理学家海森堡于1927年提出粒子不确定性原理。这个理论认为，你不可能同时知道一个粒子的位置和它的速度。这个不确定性来自两个基本前提，一是观测某个事物的行为会扰乱那个事物，从而改变它的状态；二是量子世界中同时存在多个可能状态，而每种状态的可能性都是有一定概率的，就像薛定谔的猫。

光不只具有波的性质，它由一群具有能量的"光子"组成。

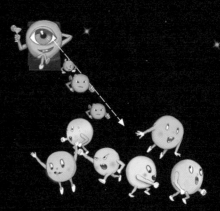

粒子原本的状态   观测时的状态

薛定谔的猫

　　薛定谔的猫是奥地利物理学家薛定谔提出的一个著名的思想实验，也就是用想象力进行的实验。实验中，将一只猫关在装有少量镭（léi）和氰（qíng）化物的密闭容器里。如果镭发生衰变，将触动机关打碎装了氰化物的瓶子，猫就会中毒；如果镭不发生衰变，猫就能活着。根据量子力学理论，既然镭处在衰变和没有衰变两种状态的叠加之中，猫就应该处在生和死的叠加状态。然而猫是死是活，必须打开容器才知道。

　　至此，人们终于确定了一件事，就是宏观世界和微观世界中物质运动的状态是完全不同的。

　　宏观世界包括宏观物体和宏观现象。肉眼能看见的物体都是宏观物体。人的活动、宇宙天体的组成等属于宏观现象。

　　微观世界通常指分子、原子等粒子物质所在的世界。微观世界的各层次都具有波粒二象性，符合量子力学规律。

用不确定性探寻奇点的奥秘

　　在无限小的奇点，广义相对论失去了作用，研究微观规律的量子学说派上了用场。虽然粒子具有不确定性，然而不确定性并不表示没有任何规律可循。量子学说不能对每一次观测预言一个明确的结果，但是可以预言一组不同的可能性发生的结果，并告诉我们每个结果出现的概率。也就是说，如果我们能够对奇点的物质运动做大量的测量，就能得到更多的关于宇宙开端情形的信息。

　　小小的粒子将人类的视线从宏观世界带进了微观世界，为人类打开了另一扇认识宇宙的大门。虽然我们已经发现了很多粒子，但是，宇宙中肯定还有很多我们不知道的更小的物质，就是这些我们无法看见的小小物质，会让人类在未来看到，并且理解今天还不知道的关于宇宙的事情。

质子　正电荷　负电荷

电子

自然中的四种力

说起自然中的力，可是和粒子有着很密切的关系。粒子虽然很顽皮，常常不按常理出牌，可它们也得乖乖听从这些力的指挥。人们根据携带力的粒子，以及力作用方式的不同，将力分为四种基本形式。大自然中的力虽然多种多样，但归根结底都是这四种力的不同表达形式。

虚拟的引力子

1. 无处不在的引力

引力是自然界中最普遍的力。我们无法在不借助外力的情况下离开地面飞到空中，就是因为受到地球引力的作用。不过，引力是一种基本力只是经典物理学的说法，在爱因斯坦提出的相对论中，引力是时空结构发生弯曲的结果。引力是一种很弱很弱的力，但引力可以在长距离起作用，当物体的质量达到很大的数值后，引力叠加就会变得很强大。

2. 安静的电磁力

电磁力是带电荷粒子互相作用产生的力，主要在分子和原子层面起作用。电磁力也是一种可以在长距离起作用的力，它比引力强得多。自然界中的电磁力有多种形式，包括电、磁和光。当你把电器插头插进插座的那一刻，电磁力就在为你服务了；火车的调度、雷达的监控也都需要电磁力；在通信、军事等领域电磁力也发挥着非常重要的作用。可以说，电磁力的应用极大地改善了人类的生活。

地球引力

电磁力在生活中的应用

3. 拆分粒子的弱核力

弱核力又叫弱力或弱相互作用，它是一种只在短距离内起作用的力，约为 10^{-18} 米，属于量子力学范畴。这种力只对组成物质的粒子起作用，不对在物质粒子之间引起力的粒子起作用。它推动放射性衰变，可以使一个中子衰变成一个质子、一个电子和一个反中微子，并且主要是在一些有轻子（如电子、中微子）参与的衰变中体现出来。由于核衰变是较重的原子核衰变成较轻的原子核的过程，因此弱核力在核武器中也发挥作用。大部分粒子存在一段时间后，都会通过这种弱相互作用发生衰变。不过，相比其他的特性，弱相互作用最特别的特性是能够让夸克味变。

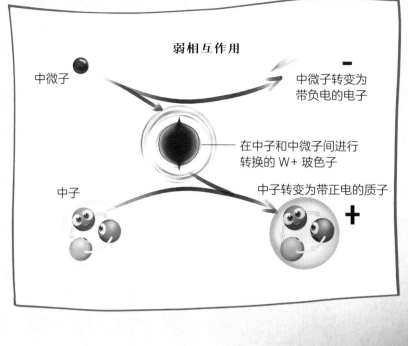

弱相互作用

中微子

中微子转变为带负电的电子

在中子和中微子间进行转换的 W+ 玻色子

中子

中子转变为带正电的质子

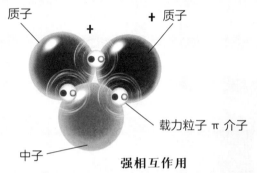

质子 + 质子

载力粒子 π 介子

中子

强相互作用

4. 引发核裂变的强核力

强核力是原子核内起维系作用的力，它将质子和中子中的夸克束缚在一起，并将原子中的质子和中子束缚在一起。强核力是四种基本作用力中最强的，也只能在短距离内起作用。目前已经发现了几百种有强相互作用的粒子。在一定范围内，强核力的强度与粒子间的距离成反比，当两个粒子贴近时，强核力几乎消失，这种现象称作"渐近自由"。

夸克味变

在量子力学中，味是基本粒子的一种量子数。夸克共有六种，上夸克、下夸克、粲夸克、奇夸克、顶夸克、底夸克。通过弱相互作用，夸克可以由一种味转变成另一种味。在味变的过程中，夸克要吸收能量，并释放出相应的玻色子。

渐近自由

当强核力作用下的粒子彼此靠近时，它们之间的相互作用会变得非常弱，就像是自由粒子一样。但如果它们彼此分开，相互作用将迅速增强。

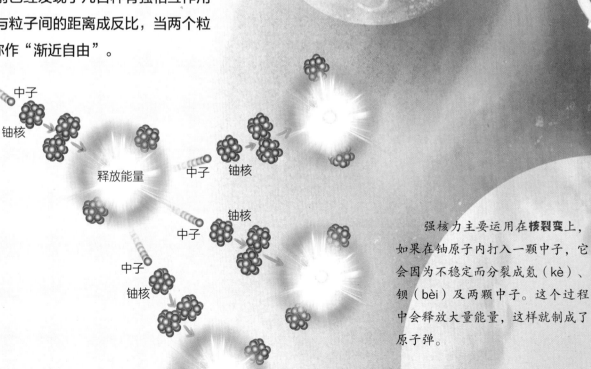

中子

铀核

释放能量

中子 铀核

铀核

中子

中子

铀核

强核力主要运用在**核裂变**上，如果在铀原子内打入一颗中子，它会因为不稳定而分裂成氪（kè）、钡（bèi）及两颗中子。这个过程中会释放大量能量，这样就制成了原子弹。

粒子们各自携带了什么力？

我们大概了解了四种基本力是什么，都有什么特点，又有什么用处。接下来，我们就来看看它们和粒子是什么关系，不同的粒子又会受到哪些基本力的影响吧。

四种相互作用的力

名　称	作用距离	力的强度	传递粒子
引　力	无限	1	假设的"引力子"
电磁力	无限	10^{36}	光子
强核力	小于 10^{-15}m	10^{38}	胶子
弱核力	小于 10^{-19}m	10^{25}	W 玻色子和 Z 玻色子

每种力都有属于自己的粒子

我们已经知道，自然中的力可以分成引力、电磁力、弱核力、强核力四类。其中引力是"万有"的，作用于所有粒子；电磁力只作用于带电荷的粒子，例如电子和夸克之间，而不带电荷的粒子，比如引力子是不受影响的；弱核力会影响一种叫作费米子的粒子，W 玻色子及 Z 玻色子是负责传递弱核力的基本粒子；携带强核力的粒子是胶子，它将质子和中子中的夸克束缚在一起，并将原子中的质子和

所有的粒子，除了具有质量和电荷外，还具有自旋的性质。

费米子，是自旋为"半整数"，比如1/2、3/2的粒子。费米子必须符合泡利不相容原理，也就是说两个物质粒子不会同时具有相同的位置和速度。如果它们待在同一个位置，就必然有不一样的速度，这保证了它们不会长时间待在同一个地方。这样就避免了物质粒子聚集在一起，发生坍缩。

玻色子是自旋为整数的粒子，不需要遵守泡利不相容原理，也就是两个玻色子可以处在同一位置并且具有相同的速度。

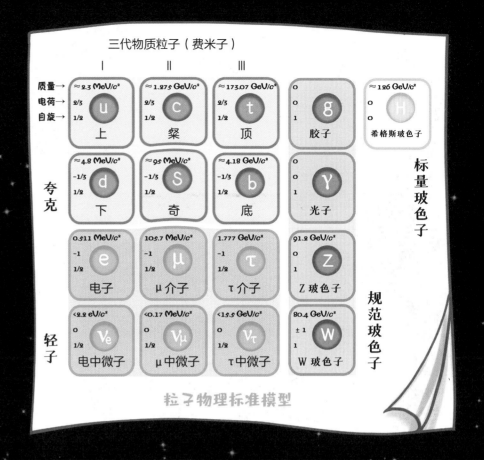

三代物质粒子（费米子）

粒子物理标准模型

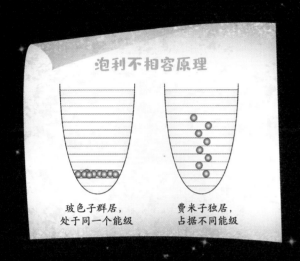

泡利不相容原理

玻色子群居，　　　　费米子独居，
处于同一个能级　　　占据不同能级

"万有理论"

物理学家一直希望能找到一个"万有理论"来合理解释引力、电磁力、强核力和弱核力导致的物理现象。目前被认为最有可能成功的万有理论是弦理论。弦理论认为，我们的宇宙不是由点状的粒子组成的，而是由一根根振动的弦构成的。弦的不同振动和运动就产生出各种不同的基本粒子。

电子　上夸克　下夸克　光子

引力子

振动的开弦　　　　　　　　振动的闭弦

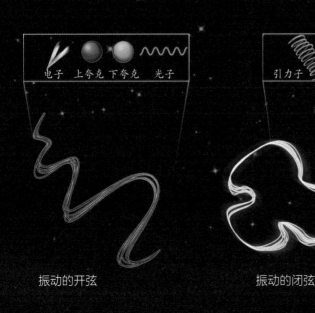

关于大自然的基本力，关于它们和粒子的关系，还有很多有趣的内容。科学家们就像剥洋葱一样，从来没有停止向基本力世界的深处探索，在那里，肯定藏着很多我们不知道的秘密。而在基本力和小小的粒子之间，或者和其他的物质之间，一定也有很多很多我们还不了解的事情。或许有一天，我们能揭开这些未知世界的面纱。

星系、星云、恒星和行星

看过了宇宙的广大，也知晓了粒子的微小，现在，让我们把目光转向存在于宇宙空间中，由小小的粒子组成的美丽天体吧。它们是宇宙的重要组成部分，也正是它们，让人类见识到了宇宙的美丽，激发起了人类对于宇宙的无穷无尽的想象力和求知欲。

气体和尘埃

恒星

星系：由恒星以及分布在恒星之间的星际气体、宇宙尘埃等物质构成的天体系统。

星系——宇宙中的岛屿

星系又叫作恒星系，是由恒星以及分布在恒星之间的星际气体、宇宙尘埃等物质构成的天体系统。它们就像大海中的岛屿一样分散在宇宙之中，因而也被称为"宇宙岛"。一个恒星系至少要有两颗恒星。根据宇宙大爆炸理论推测，第一代星系大约形成于大爆炸发生后十亿年，而目前人们估计可观测到的宇宙恒星系总数超过一千亿个。每个星系的形状都不同，但是又有一些共同的特点，科学家们依据这些共同特点将它们进行分类。目前使用最广泛的星系分类方法是哈勃提出的，他将星系分成椭圆星系、旋涡星系和不规则星系。

旋涡星系中，还有一类从正面看像是从核球中心的一根棒状结构的两端延伸出来的旋臂，被称为"棒旋星系"。

星系分类

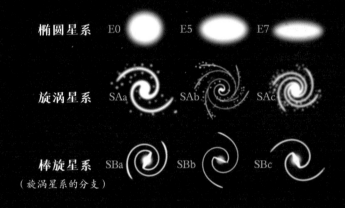

椭圆星系　E0　E5　E7

旋涡星系　SAa　SAb　SAc

棒旋星系　SBa　SBb　SBc
（旋涡星系的分支）

不规则星系　Im　dSph

椭圆星系是外形呈正圆形或椭圆形的星系，它的中心比较亮，越往边缘越暗。这种星系中的大部分恒星都在渐渐衰老，闪烁着它们生命最后的光辉。不过偶尔也会有少量的新的恒星形成。

旋涡星系是人类观测到的数量最多、外形最美丽的星系。它们有明显的核心，核心的外面是一个扁扁的圆盘，从这个圆盘上伸出几条旋臂。旋涡星系的核心有球形、棒状和椭圆形三种形状，银河系的核心就是椭圆形的。

顾名思义，**不规则星系**就是外形不规则的星系，它们既没有明显的核和旋臂，也没有盘状对称结构，更看不出来有对称的旋转。

44

星系是怎么形成的？

大爆炸之后，宇宙持续膨胀导致温度不断下降，一些密度大的区域开始出现坍缩。坍缩的过程中，周边区域也会围绕这个中心点开始旋转，当自转的区域小到可以平衡外部物体的引力时，旋涡星系就形成了。没有旋转的区域，就形成了椭圆球状的椭圆星系。椭圆星系没有坍缩，是因为星系中的一些星体在绕着星系中心旋转时产生的动能能够克服星体间的引力，维持星系间的平衡。那些既没有明显旋涡结构，也没有椭圆形态的星系则被归结为不规则星系。

① 大爆炸后不久，物质开始聚集，形成不规则的原星系。

② 原星系周围，物质继续合并，形成大型星系。

③ 一些密度大的区域出现坍缩，形成旋涡星系。

④ 没有旋转的区域形成椭圆星系。

⑤ 除椭圆星系和旋涡星系外，呈现不规则外形的星系则是不规则星系。

到目前为止，主要建立了两种星系形成理论。一种是"自上而下"的理论，认为星系是由大块的物质云不断合并形成的，物质的密度足够大，恒星得以在星系中诞生。另一种是"自下而上"的理论，认为物质首先形成小尺度的结构，而后合并，逐渐形成大尺度的结构。

在宇宙早期，冷暗物质在局部开始聚集，逐渐吸引更多的物质，最终发育成原星系，而后发展为成熟的星系，星系之间的形态也因各种状况发生转变，逐步形成了今天宇宙中的星系分布。

多星系统

人类目前发现的恒星系统中百分之七十以上都是双星系统或多星系统，像太阳系这样只有一颗恒星独自存在，还能孕育出智慧生命的情况非常特殊。但你知道吗？太阳系或许也是一个双星系统，也就是由两颗位置相对比较靠近的恒星组成的天体系统。

1984年，有科学家发现地球上大约每2600万年就会出现一次物种灭绝的高峰期，因此天文学家猜测，会不会是因为太阳系还有一颗恒星，每2600万年完成一个旋转周期，它经过小行星带时会打乱行星的运行，使得小行星脱离轨道碰撞地球。当然，这一切只是推测，科学家依然没有放弃寻找那颗在遥远地方陪伴太阳的伴星。

星云是如何形成的？

这里说的星云可不是《复仇者联盟3》中的星际海盗，而是指宇宙中主要成分是氢、氦以及一些金属元素的星体。后来的研究发现星云中还含有有机分子等物质。

星云的形成有好几种原因：

① 超新星爆发后产生大量的尘埃云会形成星云。其中最有名的是金牛座中的**蟹状星云**。

② 当恒星从红巨星变成白矮星时，会把由氢气和氦气组成的气体外壳抛出去，这个气体外壳会形成**行星状星云**。

由于主要由气体构成，星云密度很小，一部分星云的边界不明显，形状也在不断变化。

星云对于人类最重要的意义应该是——**它是恒星诞生的摇篮**！不过，在感谢它促成了太阳等恒星的出现之余，我们难免感到疑惑：那么多恒星，科学家是如何分辨它们的？它们离地球那么远，我们又怎么能够获取它们的信息？

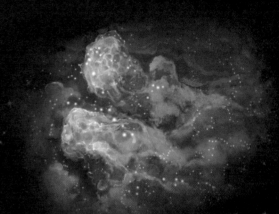

③ 星系中由氦和氢组成的气团被分割开后会形成星云，这一类星云叫作**弥漫星云**。

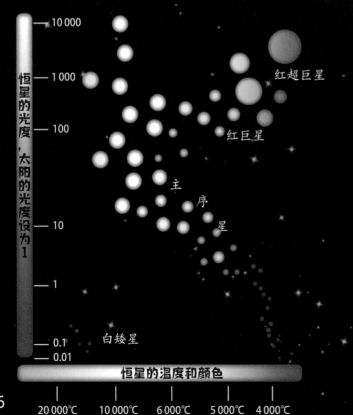

赫罗图

恒星的光度，太阳的光度设为1

- 10 000
- 1 000
- 100
- 10
- 1
- 0.1
- 0.01

红超巨星

红巨星

主

序

星

白矮星

恒星的温度和颜色

20 000℃　10 000℃　6 000℃　5 000℃　4 000℃

每颗恒星的光芒都不一样

恒星是由炽热气体组成的、能自己发光的球体或者近似球体的星体。每颗恒星都不一样，科学家用分析恒星发出的光的亮度来分析和认识每颗恒星。

根据三棱镜可以把日光分解成像彩虹一样的光谱的原理，科学家将望远镜聚焦在恒星上，观察恒星的光谱，收集属于每颗恒星的独特信息。除此之外，因为化学元素能够吸收光谱，所以观察恒星的光谱还可以知道恒星大气中的化学成分。光谱中缺少哪些颜色，就表明这些恒星的大气里有吸收这些颜色光的元素。

恒星是如何形成的？

恒星的形成需要氢气、引力，还有时间。在星云中有很多高密度的氢气和尘埃聚集区域，引力将这些氢气和尘埃吸入一个巨大的旋涡，将它们聚集压缩，压缩区域的温度随之升高。这个过程将持续数十万年，直到旋涡中心的气体被压缩成了密度极大、温度极高的球状物体。等到这个球状物体受不了压力，如同熟透的果子裂开，喷溅出果汁一样，巨大的气流从旋涡的中心喷射而出。此后引力依然不停地将气体和尘埃吸进来，让它们互相挤压，产生更多热量。如此循环，再过上几十万年，喷射气体的球状物体越来越小，越来越热，越来越亮。最后，能够发光发热的恒星就诞生了。

分子云

原星云

红超巨星

大质量恒星

原恒星

黑洞

超新星

中子星

小质量恒星

红巨星

🌠 小拓展 🌠

红巨星或红超巨星是恒星生命后期一个不稳定的阶段，虽然这个阶段也将持续数百万年时间，但是与恒星动辄几十亿年甚至上百亿年的稳定期相比非常短暂。红巨星时期的恒星表面温度相对很低，但因为体积巨大，依然极为明亮。白矮星是恒星演化到末期的阶段，这一阶段恒星的亮度比较低，但密度高、温度高，颜色呈白色，体积比较小。并不是所有恒星都会变成白矮星；只有和太阳质量接近的恒星在内部能量耗尽之后会变成白矮星。质量更大的恒星会变成中子星或者黑洞。

讲完了恒星的故事，下一个出场的是什么星体呢？当然是恒星的小伙伴行星了。这些围着恒星转的星球，可以说是恒星最亲密的队友了。

行星状星云

白矮星

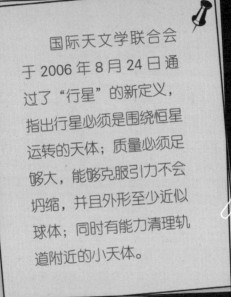

国际天文学联合会于 2006 年 8 月 24 日通过了"行星"的新定义，指出行星必须是围绕恒星运转的天体；质量必须足够大，能够克服引力不会坍缩，并且外形至少近似球体；同时有能力清理轨道附近的小天体。

依托恒星存在的行星

行星的新定义公布不久，12 名天文学家发表了《抗议冥王星降级请愿书》，质疑通过投票让冥王星降级的做法。他们认为，如果按照新行星定义的第三条来要求，地球、土星、木星都达不到成为一颗行星的标准，因为这三颗行星的轨道之间都有很多的小行星。

那么，想要成为一颗行星还需要达成哪些条件呢？行星的公转方向还需要和所环绕的恒星的自转方向相同，且不像恒星那样能够通过核聚变反应发光发热。

 小拓展

冥王星为什么被除名呢？

❶ 冥王星的个头很小，直径只有 2300 千米，比月球还要小。

❷ 冥王星不能够清除自身运行轨道上除了卫星以外的其他天体。冥王星附近还有很多和冥王星大小差不多的天体，甚至它的卫星都有它的一半大小。

❸ 冥王星的轨道并不稳定，还会穿过海王星的轨道，与太阳系的八大行星也不在一个平面上。

综上所述，冥王星被重新定义为一颗"矮行星"。

行星是如何形成的呢？

星云中诞生恒星之后，在恒星周围还有很多恒星形成后剩下的气体和尘埃，它们受到引力作用聚集到一起，慢慢形成了大量叫作"星子"的星际物质。两个星子如果质量相差巨大，运动速度也不是很高，碰撞以后，小星子就会被大星子吸引。如果两个星子质量差不多，运动速度又很快，碰撞后就会破裂成小块，这些小块随后又将被其他大星子吞并。这个过程不断重复，一些星子就渐渐变成了行星。

现在的大行星就是当时比较大的星子形成的，而小行星就是没有被大行星吞并的小星子。

小卵石　　　　　　　星子　　　　　　　行星

不过，关于行星的形成，也有说法认为行星是从黑洞中产生的。科学家最新观测到，不仅特大质量黑洞能以超速喷射行星，银河系中央的小型黑洞也存在超速喷射行星的现象。

宇宙中一个密度惊人的区域

　　我们所处的银河系只是浩瀚宇宙中的小小微粒。宇宙中还有 10 亿多个这样的区域，区域中的星体有的正在形成，有的已经形成，有的正在消亡。

　　宇宙中一个密度惊人的区域，有无数的尘埃和气体，它们慢慢地集聚成星云，星云中有恒星正在形成。形成的恒星周围，还有剩余星际物质坍缩成的行星和小行星，而这些星体在亿万年之后又会集聚成巨大的星系。

银河系

太阳系

宇宙

地月系

宇宙层级系统

太阳系

　　说起太阳系，大家肯定不陌生，因为，我们就生活在这里。但是，你真的了解它吗？太阳系是如何形成的，内部包含了什么类型的星体和星际物质，这些星体和星际物质在太阳系里如何分布，又为什么成为它们今天的样子？

　　现在，是对太阳系一探究竟的时候了！

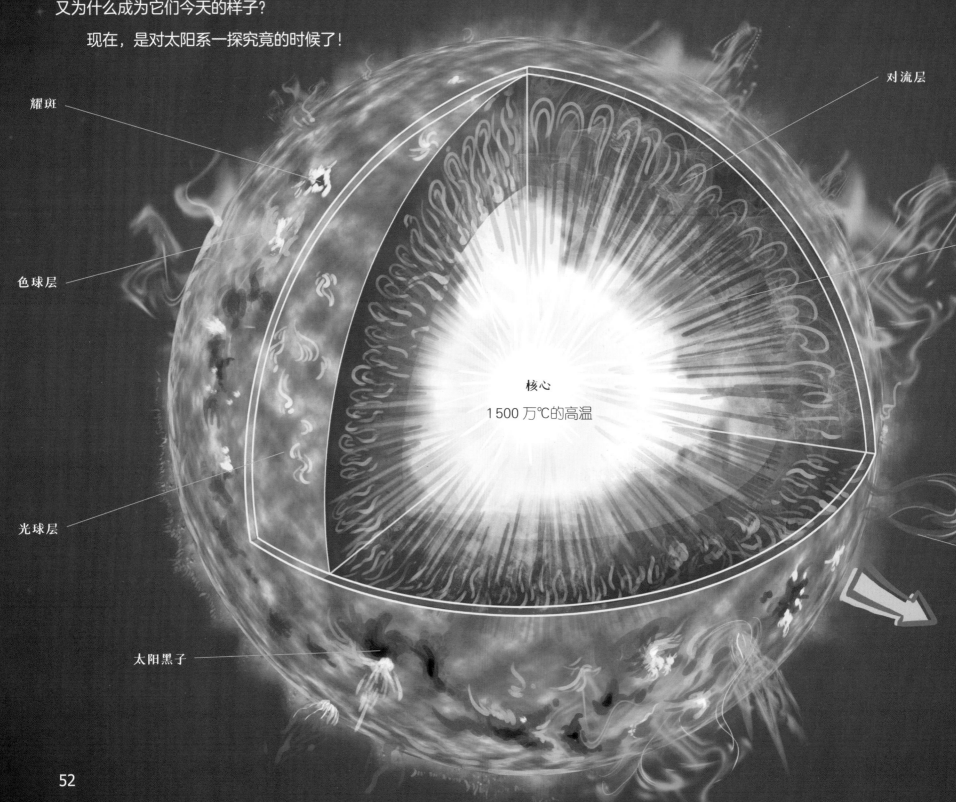

对流层

耀斑

色球层

光球层

核心

1500 万℃的高温

太阳黑子

太阳系是这样形成的

太阳系形成的理论叫作"星云假说",这个假说认为太阳系形成于一片被科学家称为"前太阳星云"的坍缩气体区域中的一部分。当星云塌陷时,它转动的速度越来越快,里面的原子相互碰撞的频率也逐渐增高,在这个过程中动能转化成了热能,而质量相对集中的中心的温度要高于周边环绕的盘状部分的温度。

大约经过10万年的时间,收缩的星云变成了原行星盘,并在中心形成一个热致密的原恒星(内部氢聚变还没有开始的恒星)。这个原恒星,就是太阳的雏形。而在原行星盘的外围部分,太阳系里其他的星体也在渐次形成。

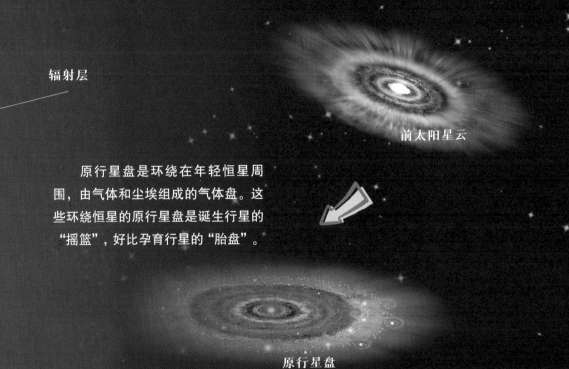

辐射层

前太阳星云

原行星盘是环绕在年轻恒星周围,由气体和尘埃组成的气体盘。这些环绕恒星的原行星盘是诞生行星的"摇篮",好比孕育行星的"胎盘"。

原行星盘

日珥

主角太阳隆重登场

太阳系的中心是太阳,一颗相当普通的恒星,却是太阳系一切光与热的源泉。太阳拥有大量的氢元素,可以供太阳核心区域持续不断地进行核聚变,产生大量的能量。而太阳中心1500万℃的温度和高密度的状态,也是维持太阳核心区域持续不断地进行核聚变的关键。

太阳的直径约为1392 000千米,是地球直径的109倍,质量约是地球的330 000倍。太阳的质量是太阳系中所有其他天体质量总和的745倍。太阳的引力是如此强大,以至于太阳系中天体绕太阳运行的轨道几乎都是开普勒认定的完美椭圆。

太阳星云里产生了行星

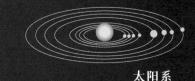

太阳系

太阳系里的行星被认为形成于"太阳星云",这些在太阳形成后剩下的气体和尘埃组成的圆盘状星云有吸积作用,就是说一些灰尘会从圆盘的内侧掉落到行星的轨道上。这些灰尘不断聚集、收缩,逐渐形成直径1~10千米的块状物。还记得吗?它们叫作星子,星子们在不断互相碰撞的过程中形成了行星。

太阳系的其他成员

太阳系由太阳、公认的八大行星、170多颗卫星以及无数的彗星和小行星组成。行星又以小行星带为界被分为类地行星和类木行星。

类地行星

地球、水星、金星和火星被称为类地行星。它们位于太阳系中太阳和小行星带之间的区域，这里也叫作内太阳系。这里非常温暖，易挥发的物质在这个区域难以聚集，只能形成由在很高的温度下才会熔化的物质（如铁、镍、铝和石状硅酸盐）组成的微行星。由于这些高熔点的物质在宇宙中很稀少，大约只占星云质量的0.6%，所以类地行星个头都不太大。行星形成时代结束时，内太阳系有50～100个月球大小的行星胚胎，它们继续发生碰撞和合并，最后有了地球、水星、金星和火星4个类地行星的雏形。

八大行星小档案

水星
太阳系中最靠近太阳的行星，也是体积最小的行星，只有地球的6%，地貌与月球非常像，有大量的环形山。

金星
太阳系中距离地球最近的行星，地表有上千座火山，导致它一直被浓密的云团笼罩着，就像一个又闷又热的烤炉。

地球
太阳系中唯一发现有生命存在的行星，体积约为1.083×10^{12}立方千米，平均半径约6371千米，有一颗天然的卫星——月球。

火星
火星的自转周期、引力和温度等因素与地球十分相似，未来极有可能成为人类的"第二家园"。

八大行星大小对比

如果把地球比作一颗弹珠，那么木星的大小差不多是一颗铅球。

水星　金星　地球　火星　　　　木星

木 星

太阳系中个头最大的气体行星，体积相当于1 300多个地球的大小，目前已发现的卫星有79颗。

土 星

土星表面是由大大小小的冰块和碎岩石组成的"草帽"状的土星环。

天王星

天王星的自转方式比较特别，像是躺在公转轨道上自转一样。天王星的大气中含有大量的甲烷气体，导致它看起来是蓝绿色的。

海王星

海王星和天王星一样是蓝色的，它是太阳系中距离太阳最远的行星，行星表面极其寒冷，最低温可达−200℃。

土星　　天王星　　海王星

类木行星

木星、土星、天王星和海王星这4颗类木行星形成于距离太阳更远的冻结线之外。在火星和木星轨道之间，已经冷到足以使易挥发的冰状化合物保持固体形态。类木行星上的冰比类地行星上的金属和硅酸盐更丰富，使得类木行星的质量大到足够吸引氢和氦这些元素，这使得它们可以变成质量很大，不以岩石和其他固体为主要成分，而是主要由气体组成的星体。于是类木行星也被叫作"气态巨行星"。现在，这4颗类木行星的质量，占到了所有环绕太阳运行的天体质量的99%。

冻结线：这是太阳星云中从原始太阳的中心算起的一个特殊距离，位于火星与木星之间的位置。在冻结线内的温度能让氢的化合物（如水、氨和甲烷）凝聚成为固体的冰冻颗粒，低温使得更多固体颗粒吸积在一起形成微行星，最终成为行星。

矮行星

矮行星也被称为"侏儒行星"，体积比行星小，比小行星大，它们也围绕恒星运转。比如冥王星就是一颗围绕太阳旋转的矮行星。矮行星的质量足够克服其他星体的引力使得自己保持近似球体的形状，但又不足以将氢、氦等气体束缚住。由于位于太阳系外围的低温环境中，它们的地幔和表面基本是由冰冻的水和气体组成的熔点比较低的化合物构成。有的矮行星的组成物质也包含一些重元素化合物组成的矿物质，内部可能是一个以岩石为主要成分的核心，这个核心的质量占星体质量的绝大部分。总的来说，矮行星的体积和总质量都不大，平均密度也较小。

以冰冻的水为重要组成部分的矮行星也叫冰矮星。冥王星就是最大的行星级别的冰矮星。

冥王星

谷神星

阅（xì）神星

鸟神星

妊（rèn）神星

小行星

因为受到木星的重力吸引，在火星和木星轨道之间的星子转动速度很快，发生碰撞时更多是撞碎彼此，而不是合并成行星。最终这里形成了一个小行星带。小行星带内最早发现的三颗小行星是智神星、婚神星和灶神星，仅有一颗矮行星——谷神星。其余小行星都比较小，最小的小如尘埃。小行星带的物质非常稀薄，曾经有好几艘太空飞行器安全通过这里，没有和星际物质发生碰撞。小行星依照光谱和成分可分成三类：碳质小行星、硅酸盐小行星和金属小行星。小行星之间的碰撞有可能形成拥有相似轨道特征和组成物质的小行星族，这些碰撞产生的星际尘埃也是散射太阳光产生黄道光的主要原因。

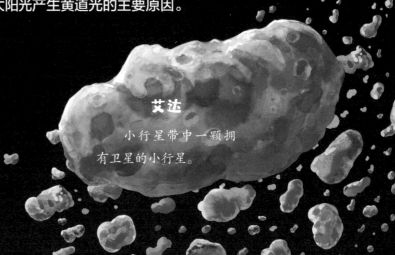

小行星带

小行星带是太阳系内介于火星和木星轨道之间的小行星密集区域。目前已编号的小行星中，有98.5%是在这里发现的。

艾达
小行星带中一颗拥有卫星的小行星。

艾卫

卫星

这里说的卫星不是人造卫星，而是像月球一样，围绕行星或矮行星做周期性运动的天然天体。除了水星和金星，太阳系中的其他行星都有天然卫星。卫星不会发光，它们围绕行星运转的同时，也起到维持星系系统平稳的作用。月球就有平衡地球自转、稳定地轴、控制地球上的潮汐等功能。

木卫一　　　　木卫二　　　　木卫三　　　　木卫四　　　　月球

外海王星区

这是海王星之外的区域，也被称为"外太阳系"。这个区域由内向外分为柯伊伯带、黄道离散天体和奥尔特云。

由于离太阳太远，缺乏大质量天体的引力作用，这里的气体和星际物质在太阳星云消散之前聚集的速度很慢，使得原行星盘中缺乏足够的物质密度形成行星。如今这里充满由冰块和岩石构成的小天体，直径最大的不到地球直径的五分之一，质量也远低于月球。冥王星和它的卫星冥卫一就属于外海王星天体。

外海王星区被认为是绝大多数人类观测到的彗星的发源地。

黄道面　太阳

冥王星
运行轨道

奥尔特星云
（内含上亿颗彗星）

外海王星区轨道偏
离黄道面的冥王星

柯
伊
伯
带

塞德娜

彗星

太阳系以太阳为中心，然后是八大行星及当中的小行星带，这些天体都位于黄道面上。海王星轨道外是柯伊伯带，跨度大约为海王星轨道半径的10倍，主要是一些矮行星、彗星和小行星，大体上仍然可以保持在黄道面上。

柯伊伯带之外就是奥尔特云，它是一个假设的包围着太阳系的球状云团，这里有更小的彗星和天体，密度更为稀薄。奥尔特云是太阳系形成初期星云的残留物质。

黄道离散天体是离散盘内零星分布的主要由冰组成的小行星，比如塞德娜。离散盘最内侧的部分与柯伊伯带重叠，外缘向外伸展且比一般的柯伊伯带天体远离黄道面的上下方。

变成红巨星的太阳

地球

海王星

天王星

土星

木星

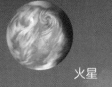火星

太阳系的未来

太阳系的未来取决于太阳的生命周期。目前太阳处于中年，太阳在生命末期将成为红巨星，轨道半径会延伸到地球轨道附近。那时地球就是最靠近太阳的一颗行星，不再适合人类生存。不过火星温度会升高，也许可以成为人类另一个家园。木星、土星以及更远的天王星和海王星依然存在，但是木星和土星周围由冰物质组成的卫星会融化消失。最终太阳耗尽所有热量，坍缩成一颗密度很高的白矮星。此时的太阳内部不再继续进行核聚变反应，只将自己的余热散发到宇宙中。当太阳系的其他星体随着太阳热量的消失温度渐渐下降，整个星系将不得不进入下一轮循环之中。

太阳演化过程

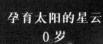

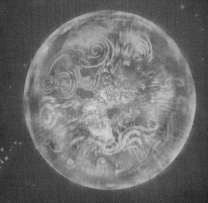

孕育太阳的星云
0 岁

太阳
46 亿岁

红巨星
100 亿岁

行星状星云
110 亿岁

白矮星
140 亿岁

黑洞

2019 年 4 月，人类第一张黑洞照片"冲洗"完成，黑洞这一神秘天体终于被人类看到了真容。

这张照片中的黑洞是室女座星系团中超大质量星系 M87 中心的黑洞，距离地球 5500 万光年，质量为太阳的 65 亿倍。

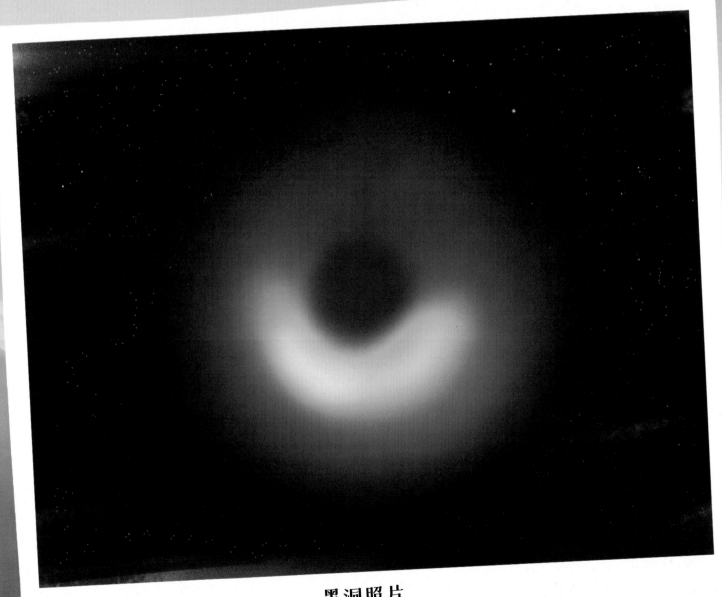

黑洞照片

给黑洞拍一张照片有多难呢？

黑洞是宇宙中最神秘的天体，几乎所有质量都集中在最中心的"奇点"处，其周围形成一个强大的引力场，在一定范围之内，连光线都无法逃脱。

由于黑洞离我们非常遥远且半径很小，以往的设备没有足够的分辨率来直接观测黑洞。

黑洞艺术照

2017 年，全球 200 名科学家成立"事件视界望远镜（EHT）"项目组，用 8 个位于全球不同地区的望远镜构建一个口径等同于地球直径的"虚拟"望远镜，耗时 4 个月采集到黑洞的数据，"冲洗"了整整两年才有了人类第一张黑洞的"照片"。

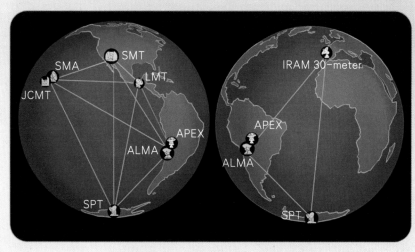

事件视界望远镜（EHT）全球分布图

组成 EHT 项目的望远镜分别是：西班牙 IRAM 30 米毫米波望远镜（IRAM 30-meter）、南极望远镜（SPT）、位于智利的阿塔卡玛大型毫米波阵列望远镜（ALMA）和阿塔卡玛探路者实验望远镜（APEX）、墨西哥境内大型毫米波望远镜（LMT）、美国亚利桑那州的亚毫米波望远镜（SMT）以及夏威夷的麦克斯韦望远镜（JCMT）和亚毫米波阵列望远镜（SMA）。

喷流

吸积气体流

黑洞

吸积盘

伴星

初步认识黑洞

你也许已经听说过黑洞，并且惊叹于它的神秘莫测，毕竟，2019年人类才有了第一张合成的黑洞照片。想要真正观测到黑洞内部，也许还需要很长很长的时间。当然，就像对宇宙里绝大多数天体，目前人类都只能通过天文观测设备看看一样，去黑洞转一转之类的想法，目前肯定也是不现实的。不过，尽管对黑洞的了解困难重重，科学家还是预言了黑洞和众多宇宙现象之间的联系，并经由对黑洞的研究进一步发现关于宇宙命运的秘密。

黑洞不是黑的洞

黑洞不是一个洞，也并不是完全黑暗的。它是一个体积很小，密度很大的天体。在黑洞周围，时空曲率非常高，所有经过黑洞的物体都会被它吸住，连光都逃不掉，所以我们才会觉得它黑暗一片，给它起名叫黑洞。

黑洞是怎么把经过它的物体统统吸进去的呢？你可以观察一下家里吸尘器是怎么吸脏东西的，黑洞把周围的物体吸进去的时候就好比一个宇宙吸尘器。我们常从黑洞的图片里看到黑洞的"洞口"处总是非常亮，是因为黑洞将大量气体吸附到自己的吸积盘上。这些气体在围绕黑洞进行高速运动时由于高温产生辐射，我们因此看到这个区域非常明亮。

黑洞会变大吗？

从天文观测可以看到的部分而言，答案是肯定的，会！你想啊，黑洞把大量的物质吸进去，虽然有时也会吐出来——从入口喷射一些粒子出来，不过相比吃进去的，数量比较少，这样长期大量摄入"食物"，自身的质量就会越来越大。不过呢，所谓黑洞变大只是指它的吸积盘部分，黑洞的核心部分依然在不断坍缩。而在这个过程中，视界面积也会随着吸积盘部分增大而增加，好比长了几斤肉，衣服就有点紧，需要穿大一码的衣服。另外，如果两个黑洞相遇，成功合并，新黑洞的视界面积也会大于或者等于原来的黑洞视界面积的总和。

事件视界

史瓦西半径

奇点

黑洞的事件视界

黑洞视界是黑洞的边界，是一个时空界面，可以把它想象成黑洞的衣服或者皮肤。这个视界内部发生的一切事件，因为无法逃脱黑洞的吸引，跑到视界外头，所以在视界之外无法被观测到。视界内的空间被称为"不可逃逸空间"。

黑洞是怎样变大的呢？

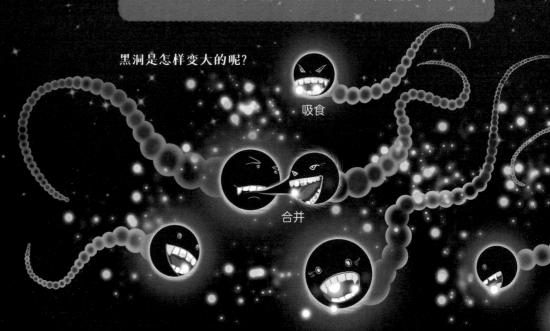

吸食

合并

黑洞有多大？如何分类？

　　黑洞有多大，完全取决于它的质量。天文学家们根据质量将宇宙中的黑洞分成三类：恒星级质量黑洞（质量是太阳质量的几十倍至上百倍）、超大质量黑洞（质量是太阳质量的几百万倍）和中等质量黑洞（介于前两者之间）。

　　黑洞有三个成因：

　　一些黑洞曾经是闪耀着美丽光芒的恒星。恒星在生命末期，热量渐渐耗尽，向外辐射的热量无法和内部的引力形成平衡，于是发生坍缩。坍缩到极致后，变成密度极大、体积极小的点，这个点在内部压力之下发生大爆炸，形成了恒星级质量黑洞。

　　第二类是星系黑洞，在宇宙早期阶段由星系中爆炸的恒星形成的小黑洞组合而成，随着时间流逝，它不断吸入更多的星际气体，最终形成超大质量黑洞。

　　第三类是中等质量黑洞，是理论上预测的一种黑洞，介于恒星级黑洞和超大质量黑洞之间，目前的观测成果较少。

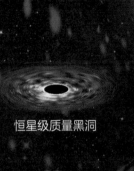

超大质量黑洞

恒星级质量黑洞

中等质量黑洞

　　还有一类黑洞是人们假想中的宇宙大爆炸初期形成的原生黑洞。大爆炸初期，在比较大的宇宙密度以及宇宙大爆炸的能量挤压下会形成的一种黑洞。理论上，原生黑洞比起普通黑洞可以更小，甚至小到肉眼无法辨别。

如何知道黑洞的存在？

从黑洞这个名字就知道，黑洞没法被看见，如果没法看见，那怎么知道它存在呢？天文学家们其实是通过一些间接的证据来推测的。

❶ 科学家通过观察黑洞附近物体的活动来寻找黑洞。在黑洞附近，带电粒子穿越黑洞的磁场时，会释放出大量的 X 射线，这些从黑洞逃离的 X 射线，能够帮助我们发现黑洞。

❷ 如果黑洞离地球足够近，就可以通过观察它旁边的恒星的运动来推测它的存在。比如在银河系中心，许多恒星围绕一个不发光的质点运动，科学家们就推测这个质点就是一个超大质量的黑洞。

❸ 还可以通过光学望远镜或者射电望远镜观察围绕着黑洞旋转的吸积盘，来判断此处是否有黑洞存在。

❹ 通过感知两个黑洞合并时的引力波也可以发现黑洞。

❺ 对于如何探测黑洞的存在，霍金还提出了一个构想。他认为在黑洞边界处，正反粒子组成的粒子对中的一个会掉进黑洞里，另一个会逃逸，这个过程会散发出大量的热辐射。人们可以通过捕捉这些辐射，确定黑洞的存在。

小拓展

人类历史上第一次直接探测到引力波

2016 年 2 月 11 日，激光干涉引力波天文台（LIGO）宣布他们在 2015 年 9 月 14 日观测到了来自两个黑洞合并时释放的引力波，并推测出两个黑洞的质量分别为 36 倍及 29 倍太阳质量。

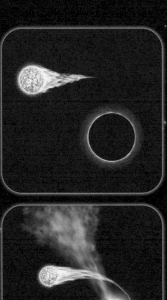  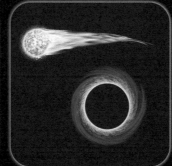

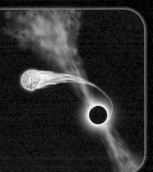 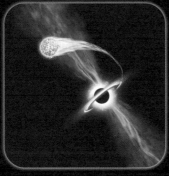 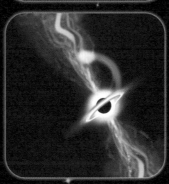

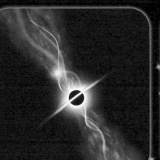  

恒星被黑洞捕捉并被"面条化"撕裂的过程

吸入黑洞的物体会怎样？

　　这个问题的答案可能会让你感到沮丧，依据目前的理论推测，最有可能的情况是，当一个物体落入黑洞并渐渐靠近位于中心的奇点时，它的不同部位会受到强度不同的引力的拉扯——最靠近奇点的部位受到的引力最大，直到这个物体被拉得像根面条儿，然后被撕开分解成最基本的粒子，为黑洞增加一些质量。当然，如果黑洞在特定温度下会产生热辐射，那么这些增加的质量也可能以等效能量的方式辐射回宇宙中。此时这个物体进入了再循环，只是辐射出来的粒子可能和组成这个物体的粒子的种类不一样了。

　　在视界以内，引力会超过其他所有的作用力，所以物体一旦被吸入黑洞视界内部，强大的引力就会把它吸向奇点（这里只考虑最简单的不旋转的黑洞）。

假如你靠近黑洞

时间箭头

曾经，时间对于人类来说，是个挺简单的自然现象，人人都知道，时间一去不回头，无论我们身在何处。但是，爱因斯坦提出相对论之后，我们知道了时间和时间也有区别。当量子力学将微观世界引入人类的视野，又进一步打开了关于时间的新篇章。科学家提出了时间箭头的概念，帮助我们深入了解时间从哪里来，到哪里去。

什么是时间箭头？

时间箭头就是为我们指出时间的方向的时间指示牌。就像马路上、公园里常见的地点指示牌为我们指点要去的地方一样。由于这种明确的方向性，比如上午九点的我们，没法倒转时间使自己回到早上六点，使得时间箭头只在宏观世界有用。但是在微观世界，时间是可逆对称的，我们可以对微观世界的时间进行逆向操作。比如，我们把一段动画片倒带播放，先播放的是杯子摔碎在地的场景，随着时间的推移，动画片展示杯子逆向恢复的过程，最后定格在杯子完好摆放在桌子上的场景。正放和倒放的画面以杯子摔碎的瞬间为轴对称。

宏观世界的时间箭头

微观世界的时间可逆

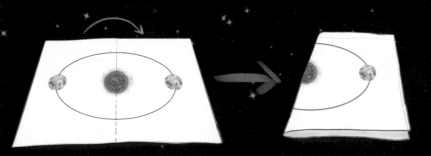

围着太阳转的行星，因为引力作用，轨道对称

小拓展

宏观世界的时间不是对称的，但是空间中的对称现象很多。例如围着太阳转的行星，即使把它们的轨道翻一个个儿，行星们跑到轨道的另一面，由于引力对称，它们还是一样沿着同样的轨道绕太阳转。

热力学时间箭头

　　我们对时间方向的感觉，也就是心理学时间箭头，其实是由热力学时间箭头决定的。热力学时间箭头，告诉我们一切系统都会朝着越来越混乱的方向进化，就像整理过的房间总会变乱，整齐的文具盒里面的东西不会永远老老实实待着。这个表示混乱度的参数，在热力学中称为"熵（shāng）"。正是熵的增加，让我们的宇宙不断膨胀，让我们能感受到时间的流逝。

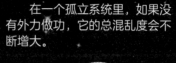

在一个孤立系统里，如果没有外力做功，它的总混乱度会不断增大。

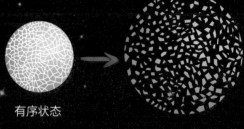

有序状态　　　　　混乱状态

熵增

有序的房间 → 无序的房间

　　如果宇宙是从更无序的状态变成今天这样稍微有序的样子，你猜怎么着？你会发现，被你碰到地上的书会自己跳回桌上。不过，如果你的书真的从地上自动跳回桌上，可不仅仅只是说明我们生活在一个事物从无序到有序的世界中，而是会有更有趣的事情发生。你将会发现，当你的书掉到地上，你会记着它刚才在桌子上的情形。但当它回到桌子上时，你不会记得它曾经掉到地上这回事。因为，既然我们已经生活在一个时间方向颠倒的世界，那么，我们的记忆就应当记住未来的事，而不是过去的事。

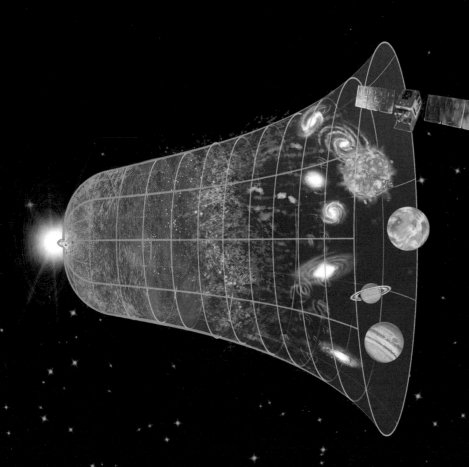

宇宙学时间箭头

宇宙学时间箭头，是说宇宙始终在膨胀，而不是收缩。但是，为何人类没有生活在一个收缩的宇宙中？还记得弱人择观点吗，如果只有符合热力学时间箭头的宇宙膨胀才能促成人类的出现，而你现在就在这里想弄明白什么是宇宙学时间箭头，这就意味着，宇宙不会选择收缩这条道路，也就是说，宇宙必然遵从热力学定律，由有序走向无序。不过，霍金提出，并不是膨胀增加了宇宙的无序度，而是无边界条件增加了宇宙的无序度，膨胀只是促成了宇宙在随后出现符合智慧生命出现需要的条件。

无边界条件只在量子力学范畴里成立，意思是说，物质形态始终处在不停转换中。这就表示宇宙其实一直都存在着，没有开端，也没有终结，于是也不可能是由任何的外部力量创造。无边界条件如果成立，就表示宇宙中的一切在原则上都可以单独地由物理定律预言出来，总会符合某一条物理定律。

无边界宇宙理论

霍金在 20 世纪 80 年代初，创立了量子宇宙学的无边界学说。他认为，时空是有限而无界的，宇宙不但是自洽的，而且是自足的。

大爆炸

虚拟时间在增加

宇宙体积随时间增加而增加

宇宙最大尺寸

宇宙体积随时间增加而缩小

心理学时间箭头

心理学时间箭头，就是我们对时间方向的主观感觉，如我们相信自己从过去走向未来，我们记忆记的是过去的事情，而不是未来将要发生的事情。在对时间的感受中，我们的头脑会从无序状态转变为有序状态。但这并不违背热力学箭头的规律，因为我们获得记忆和感觉的时候，要消耗能量，这就增加了宇宙其他部分的混乱度——所以整个宇宙中的熵还是增加的。

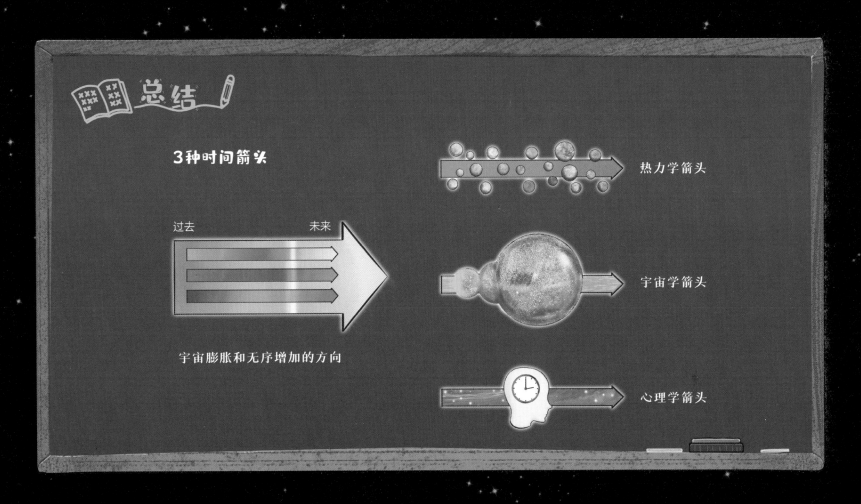

总结

3种时间箭头

热力学箭头

过去　　　未来

宇宙膨胀和无序增加的方向

宇宙学箭头

心理学箭头

平行宇宙

科幻电影已经成功唤起了大家对平行宇宙的好奇心。那么，平行宇宙是什么，它存在吗？会不会像电影里讲述的，人类现在生活的宇宙只是所有宇宙中的一个或者是无限宇宙中的一部分，只是因为能力有限，因此观测不到，也无法到达其他宇宙或是宇宙的其他部分？

那么，会不会有另一个你，现在也正在看这本书呢？

在电影《蜘蛛侠：平行宇宙》中，
有 6 个来自不同宇宙的蜘蛛侠一起出现。

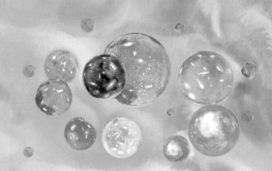

多元宇宙所包含的各个
宇宙被称为平行宇宙。

什么是平行宇宙呢？

平行宇宙是指平行作用力宇宙，是平行作用力产生的纯基本粒子构成的宇宙，这些平行作用力既不重合，也永远不会相交，就像两条平行线永远不会相遇、发生碰撞。有的科学家这样描述平行宇宙，说它们可能存在于同一个空间体系，平行作用力使得它们彼此之间永远在做平行运动，就像多列火车在不同时间行驶在同一条铁轨上；但它们也有可能存在于同一个时间体系，但是在不同空间，就像行驶在立交桥不同通道中的汽车。平行宇宙和万有引力作用宇宙一起组成了多元宇宙。

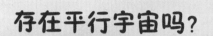

存在平行宇宙吗？

　　也许我们曾经在脑海中幻想过，有另一个自己生活在平行宇宙中，没准有一天，两个自己能见个面。虽然这些情节只发生在科幻故事中，不过，确实有科学家认为，存在平行宇宙。20世纪50年代，当科学家们发现量子力学的不确定性原理之后，他们想到，宇宙空间的所有物质都是由粒子组成，既然每个粒子都有不同的状态，那么宇宙也可能并不是只有一个，而是由许多个相似的宇宙组成。

　　宇宙学家认为，当我们的宇宙与另一个平行宇宙发生碰撞时，会在宇宙微波背景辐射中留下痕迹，因此平行宇宙有可能被探测到。目前已有天文学家认为找到了存在平行宇宙的证据。通过对宇宙微波背景辐射图的研究，他们发现了4个由这样的"身体碰撞"形成的圆形图案，这表示我们的宇宙可能已经进入过其他宇宙4次。

71

能否在平行宇宙间旅行？

理论上是可以的。爱因斯坦早在广义相对论中就提出过宇宙是平行相通的，人可以通过虫洞回到过去。

虫洞就是连接宇宙遥远区域间的时空"隧道"，由两个相连的"黑洞"构成的时空结构中的"豁口"。

只要能建造一个稳定的虫洞，就可以利用它穿越时间和空间，实现时空倒流。

穿越虫洞

虫洞结构示意图

如果有一天人类真的可以穿越时空，虫洞就是我们可以利用的捷径。作为连接宇宙不同时空的隧道，虫洞让我们可以用最快的速度穿行到另一个宇宙中。这听起来很神奇，不过只需要一张纸，就能让你明白这是为什么。我们先在这张纸的两端分别标注出 A 点和 B 点，代表分处不同地方的两个宇宙，那么，如果想从 A 点走到 B 点，就必须穿越整张纸。现在，我们把这张纸弯折起来，整张纸成为一个圆筒状，此时，从 A 点和 B 点就只有两张纸之间的缝隙这么点距离，而虫洞就是在缝隙中打通的隧道，这可是大大节省了我们在路上的时间。

但是回到过去有可能产生"外祖母悖论"。就是说，如果我们回到了过去，不小心把外祖母害死了，那就不可能有我们了。没有我们，我们也就不可能穿回过去害死外祖母了。

只要我们回到过去，一点小小的改变，就可能影响到未来，那时空旅行的后果也太可怕了！怎么解决这个悖论呢？霍金提出一个猜想：时间旅行者回到过去改变历史后，时间线就出现了分叉，分叉后的时间线展开的是另一段历史。

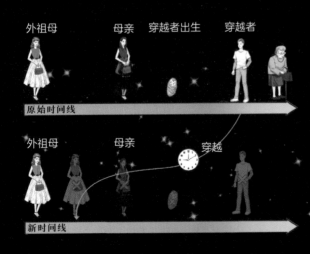

外祖母悖论示意图

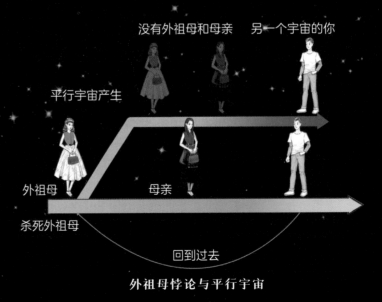

外祖母悖论与平行宇宙

时空旅行机器

如果你有一个哆啦A梦，那展开时空旅行轻而易举。不过，我们没有哆啦A梦。对于现实世界来说，回到过去目前是不可能的。按照爱因斯坦的说法，如果我们可以比光速更快，就可以回到过去。如果能回到过去，我们能去未来吗？目前还没有听说过有人从未来回来。也许，是因为距离太遥远，也许是因为速度的限制，他无法回来告诉我们他的见闻。

平行宇宙的分类

2003年，《科学美国人》杂志发表了一篇文章，文章的作者将平行宇宙分成四类。

第一类宇宙和我们宇宙的基本物理常数相同，但是粒子的排列方法不同，这类宇宙存在于我们能观测到的宇宙空间之外的地方。

第二类宇宙的物理定律大致和我们的宇宙相同，但是基本物理常数不同。

第三类宇宙符合量子力学的不确定性，一件事情发生后产生不同后果，每个后果都会形成一个宇宙，事实上，第三类宇宙也可以认为是第一类宇宙或第二类宇宙的平行宇宙。

至于第四类宇宙，它的基本物理定律和我们的宇宙不同。

小拓展

异常信号是否来自平行宇宙？

在2006年和2014年，位于南极的中微子望远镜ANITA曾两次探测到一个异常信号，像极了宇宙高能粒子掠过地球时产生的射电波，但奇怪的是，异常信号都来自地球，而不是外太空。

人们用天文台搜索了多年却是一无所获，找不到相应的中微子。

于是，有人认为这两次异常信号是暗物质存在的迹象，甚至还有人认为它们是来自某个与我们的宇宙相似，却由反物质构成，而且时间逆向流淌的"平行宇宙"。

结束语

从远古时期开始人类就在仰望星空，探索宇宙的秘密。宇宙之外，有无限的可能。给孩子的宇宙科学启蒙，是孩子认识宇宙的第一步，也是启发孩子对遥远星空无穷的想象力和好奇心的钥匙。让我们追随霍金的脚步，一起去了解时间，认识宇宙。